孟老師的
100多道手工餅乾

孟兆慶◎著

新內容、新美味，再一次香噴噴出爐！

《孟老師的100道手工餅乾》經過多年來的市場考驗，至今依然被大家接受，主因是手工餅乾真的很平易近人，其次是「100道」這個食譜數，感覺很豐富、很受歡迎。猶記得當時，似乎人手一書，也見到不少烘焙新手以這本書開始入門，更有意思的是，有很多讀者照著這本書的食譜製作餅乾，在自營的咖啡店販售，也有人在家裡當SOHO族，接訂單做手工餅乾的生意，甚至在網拍市場也常會見到書上成品的蹤跡，而把這本書當作禮物送人的，更是比比皆是，因此足以肯定手工餅乾的實用性與受歡迎的程度。

然而事隔六年，本著求好心切的理由，也基於「資料更新」的美意，我希望這本叫好又叫座的100道手工餅乾，能夠持續讓更多讀者受用與喜愛，於是我興起了「大翻修」的念頭，整合過去讀者們所遇到的餅乾製作問題，以及匯集多年的教學經驗，我竭盡所能地整理成更完整、更實用的內容；從開始製作餅乾的材料拌合、塑形、烘烤到成品出爐，完完全全在本書中詳實解析，同時還加碼附有將近2小時的教學DVD，我相信對於手工餅乾製作再陌生的人，也都能依樣畫葫蘆勇於嘗試。

在這本新版的手工餅乾一書中，除了增加更多的製作說明外，當然重頭戲仍是鎖定食譜內容，我希望它比起舊版的食譜更好做、更美味，也更健康，於是我將100道食譜重新檢視，能不放泡打粉者就儘量省略；能減油、減糖者就投眾人所好；增加某些食材讓餅乾更美味者，占書中比例當然也不少；在100道食譜中，作大、小幅度不等的修改至少有75道以上，其中包括完全被改頭換面的冷門食譜，以及新增的22道食譜；因此，經過連日來不斷的修改、試作及整理，確實費了一番功夫，才呈現這本嶄新的《孟老師的100多道手工餅乾》。

有機會將舊書改版重新製作，對作者而言，有一種難以言喻的欣慰，因為終於能將舊有的缺失改善，同時也能表現更多的優點。為了讓更多的讀者能夠輕易上手做出美味的手工餅乾，這本書在重新製作期間，無論是舊食譜的改進，還是新食譜的設計，我還是以家庭DIY為重點，在用料簡單、取材方便原則下，傾向食譜的實用性與通俗性。

值得一提的新增食譜，則是幾年前我在露天進行網拍時，頗受歡迎的手工餅乾「鹽之花香辣酥餅」以及「無花果核桃西餅」，雖然「鹽之花」這項食材對多數人而言是陌生的，但本著「嚐鮮」的道理，大家不妨試試這款新口味的餅乾滋味；還有運用食材的天然色澤以及我們周邊豐富的用料，足以讓手工餅乾的變化性展露無疑，特別是外觀上的創意以及鹹甜間的口感呈現，讓我再次感受研發食譜時的樂趣所在，要不是版面空間有限，我想就算是做它幾百道手工餅乾，應該也不成問題喔！

我相信多數人對於手工餅乾的印象是美好的，就口感與風味而言，它多了機器製品所沒有的自然與實在；就算外觀不甚工整，也不見得花俏，但很多人在品嚐之後，總會說：「嗯！這是Home-made的餅乾喔！」讚歎之餘，無不肯定手工餅乾的魅力；特別是願意親手製作並與他人分享者，更能體會其中的成就感。

寫序的此時，正逢農曆年前夕，有一天在facebook上突然發現不少馬來西亞的網友，在製作各式各樣的手工餅乾，而且似乎跟新年有關，這點引起我極大的好奇心。打聽之後，才知道在馬來西亞過年時會製作餅乾，當作「新年餅」來招待朋友；當下我才發現，原來我們認知的手工餅乾除了可當伴手禮之外，在另一個國度中，竟然是新年不可或缺的甜點。

經過一番整理與充實的《孟老師的100多道手工餅乾》，以新內容、新美味，再一次香噴噴的出爐，期盼舊雨新知都能擁有，也希望大家能善用這本工具書，烤出理想又美味的手工餅乾喔！

孟兆慶

目錄 Contents

Part 2 手工塑形餅乾 54

切割餅乾 88

擠花餅乾 124

塊狀餅乾 148

薄片餅乾 170

百變手工餅乾

手工餅乾，老少咸宜！

酥、鬆、脆的味蕾體驗！

餅乾，應該算是所有的烘焙點心中，最具簡易性與方便性的一項，從本書中所列的幾項使用道具即見端倪；就算只有糖、油、蛋、粉等基本素材，也能完成餅乾的製作，如果再將基本材料加以延伸或變化，在無限的排列組合情況下，餅乾的豐富性及口感的變化性，即是餅乾製作最精采之處。

品嚐餅乾的美味，不外乎是享受其香、酥、脆的口感滿足；在製作過程中，只要將材料稍做調整或操作手法變換一下，即會出現不同的風貌，進而產生千變萬化的美妙滋味與口感，從鬆鬆軟軟到酥酥脆脆，或甜或鹹，似乎都在瞬間即可享受。特別的是，不需具備高深的製作技術與學習的時間，即能輕易上手而浸淫在餅乾世界中。

從糖、油、蛋、粉進入餅乾的世界！

從烘焙西點的四大主料「糖、油、蛋、粉」開始，就能製作基本款的餅乾，接著無論添加什麼配料，或替換合宜的用料，都可粗略地將所有材料區分為「濕性」與「乾性」兩大類；如此一來，可深入瞭解製作的方式與原則，奇妙的是，因拌合的差異性，竟能衍生不同的餅乾口感。

以下是本書中製作各類型餅乾的**主要材料**（即糖、油、蛋、粉）、**延伸材料**（即替換材料或適合與主要材料放在一起攪拌混合的材料）及**配料**（添加材料）等。

糖

主要材料

細砂糖

延伸材料

固體糖

糖粉、金砂糖（二砂糖）、紅糖、粗砂糖

液體糖（亦可歸類在蛋的部分）

蜂蜜、楓糖、果糖、葡萄糖漿、糖蜜（molasses）

油

主要材料

無鹽奶油

延伸材料

橄欖油、奶油乳酪、切達起士、花生醬（不含顆粒）、柔滑花生醬

蛋

主要材料

全蛋（蛋白＋蛋黃）、蛋白、蛋黃

延伸材料

香草精、柳橙汁、鮮奶、椰奶、煉奶、卡魯哇咖啡酒、蘭姆酒、動物性鮮奶油、原味優格、番茄糊

粉

主要材料

低筋麵粉

延伸材料

全麥麵粉、杏仁粉、奶粉、玉米粉、黑芝麻粉、抹茶粉、帕米善起士粉、無糖可可粉、即溶咖啡粉、肉桂粉、咖哩粉、椰子粉、黑胡椒粉、匈牙利紅椒粉（Paprika）、辣椒粉、薑粉、荳蔻粉、鹽之花、紅麴粉、南瓜粉、義大利香料、鹽、泡打粉

配料

- 水滴形巧克力、苦甜巧克力、白巧克力
- 柳橙果醬、檸檬皮、香吉士皮、青蘋果
- 核桃、杏仁角、杏仁片、杏仁豆、白芝麻、黑芝麻、開心果、夏威夷豆、南瓜子仁、葵瓜子仁、松子、亞麻籽（Brown Flaxseeds）、小麥胚芽、綜合燕麥片、即食燕麥片、玉米片（corn flakes）、大燕麥片（Oats）
- 海苔芝麻香鬆、穀麥脆片（香果圈）、巧克力圈、OREO餅乾
- 杏桃乾、葡萄乾、蔓越莓乾、去籽加州梅、糖漬桔皮丁、酒漬櫻桃、無花果乾
- 紅茶、海苔絲（片）、海苔粉、椰子絲
- 薑泥、芋頭、新鮮九層塔

讓香草精加分

製作餅乾時，如在材料中添加純度高的香草精，可提升成品的風味；將新鮮香草莢剖開後，取出內部的黑籽，連同香草莢外皮，放入市售的香草精內持續浸泡並裝罐存放，可讓香草精的味道更加濃郁香醇。

食譜中的材料該如何混合？

依書中食譜的製作方式，分別有以下4種不同的拌合順序。

糖油拌合法

糖＋油　先製作「奶油糊」

這是做餅乾最常用的方法，首先製作一份滑順細緻的「奶油糊」，接著將所有的乾性材料陸續加入奶油糊中，混合均勻即可。

製作奶油糊

篩入粉料（加配料）

拌成麵糊（或麵糰）

塑形

烘烤

一 製作奶油糊

1 奶油軟化

糖＋油放在同一個容器中（如果材料內有鹽及香草精，也順便加入）（下圖左）。

▶ 準備攪打前，必須將秤好的無鹽奶油放在室溫下回溫軟化，如果奶油不夠軟，就很難攪打出質地滑順的「奶油糊」囉！

⬆ **奶油軟化的程度**：用手指輕輕地壓奶油，會呈現凹洞（圖左），或用橡皮刮刀刮奶油時，觸感非常滑順（圖右）；請參考p.24的「奶油要事先軟化」說明。

2 攪打

利用攪拌機將容器內的「糖、油、鹽、香草精」一起攪打均勻，呈滑順感即可。

▶ 如果是加糖粉，則先用橡皮刮刀將糖粉與奶油稍微攪拌混合，就能避免電動攪拌機在攪打時，瞬間將糖粉噴出容器之外。

▶ 不需刻意將細砂糖攪打至融化，因爲下一個步驟仍有機會攪打。

❸ 加蛋（或其他液體材料）

接下來將蛋液分次加入，這時候攪拌機的速度要加快（尤其是手拿式攪拌機）。

▶ 食譜中或許沒有「蛋」這項材料，而有「鮮奶、優格或果汁……等液體材料」，那麼也跟蛋液一樣，也要分次加入。
▶ 每次加入蛋液時，都要確實地融入奶油中，才能繼續加下去，以免加得太快而造成油水分離現象；慢慢加蛋液的同時，可持續攪打，不用刻意將機器停下來。
▶ 如果材料中沒有蛋液（或其他液體材料），那麼只要將「糖、油」持續攪打直到融合滑順，即是「奶油糊」囉！

❹ 成奶油糊

持續快速攪打後，蛋液（或其他液體材料）被奶油完全吸收，就會成為光滑細緻而且顏色稍微變淡的「奶油糊」。

▶ 必須用快速攪打，不可出現油水分離的狀態，一定要確實做到「液態材料完全融入奶油中」。
▶ 當奶油糊製作完成後，攪拌器要儘量刮乾淨，以減少材料損耗。

⬆ 別忘了刮一刮

在快速攪打的過程中，要適時地停下攪拌機，用橡皮刮刀刮一下沾黏在容器（料理盆）邊的奶油糊，繼續攪打時，才會呈現均勻又滑順的質地。

⬆ 尚未完成的「奶油糊」

觸感緊密，色澤較深。

⬆ 完成後的「奶油糊」

質地光滑細緻，顏色稍微變淡，體積變成蓬鬆狀。

「奶油糊」的質地跟餅乾的「口感」有關聯！

當「油＋糖＋蛋……」持續快速攪打後，就會拌入大量的空氣，而呈現蓬鬆的「奶油糊」，最後形成的麵糊（麵糰）經過烘烤後，就有酥酥鬆鬆的口感；如果希望口感稍微脆硬點，那麼就可以縮短攪打時間，只要你發現所有的液體材料（蛋液、鮮奶、果汁……之類的）已被奶油完全吸收，不會呈現花花的油水分離狀，就可以開始進行下一個步驟……加粉料！

二 篩入粉料（加配料）

❺ 篩入粉料

將所有的「粉料」都放在同一容器中，再一起篩入奶油糊中；篩完後，粉料就在奶油糊的上面。

▶「粉料」是指「低筋麵粉、泡打粉、奶粉、可可粉……之類的」，用小篩網將這些「粉料」一起篩入奶油糊中。

▶或事先將「粉料」一起過篩至容器中（或烘焙紙上），再全部一口氣倒入奶油糊內。

▶過篩時，如最後有殘留在篩網上的粗顆粒，也必須用手搓一搓通過篩網，才不會造成粉料的損耗，而影響製作品質；請參考p.24的「粉料需要過篩」說明。

❻ 拌合

接著用橡皮刮刀將「粉、油」拌勻，首先將橡皮刮刀的刀面呈直立狀，以左右攪動方式切拌著粉料與奶油糊；這時候會發現「粉、油」已經黏在一起了，也就是「粉料與奶油糊」稍微拌合而已。

▶當粉料在奶油糊之上時，如果用橡皮刮刀在「粉、油」中一直轉圈圈（規則的方向）用力攪拌，最後拌好的麵糊（或麵糰）就會出筋，而影響成品的口感，請參考p.25「攪拌的手法及工具」說明。

❼ 加配料

當粉料及奶油糊尚未成糰，還是鬆鬆散散的樣子時，就可以開始加各式配料（例如：堅果類、乾果類……）。

▶尚未成爲完整麵糰即加入配料，非常容易拌合均勻，否則當麵糊（或麵糰）形成後才加配料，會花更多時間去拌合。

▶如果食譜中沒有配料，只是基本的材料（糖、油、蛋、粉）而已，那麼就將上面的「拌合」動作確實做好，成「麵糊」或「麵糰」，請看下面的步驟，並參考p. 25「攪拌的手法及工具」說明。

何謂「出筋」？

麵粉中含有蛋白質，與水混合成糰並充分攪拌後，會從初期的黏稠性慢慢成為較乾爽麵糰，並具有彈性及延展性，這就是「麵筋」的形成；雖然製作餅乾所使用的低筋麵粉，蛋白質含量較低，且添加的水量（蛋液）也不高，麵筋形成較慢，但如果將麵糊（或麵糰）過度用力攪拌，多少都有出筋之虞，如此一來，即會影響餅乾應有的酥鬆度。

三 拌成麵糊（或麵糰）

8 麵糊狀

用橡皮刮刀將「容器內的所有材料」以不規則的方向拌成均勻的「麵糊」。

- ▶所謂「不規則的方向」：將橡皮刮刀呈「直立狀」左右切著材料，然後必須適時地再用刮刀刮一下容器四周及底部的沾黏材料，請參考p.25「麵糊……正確的拌合」。
- ▶不要同一方向用力轉圈亂攪，以防止麵糊出筋而影響口感，請參考「何謂出筋？」。
- ▶**抓成麵糰**：如果粉料（及各式配料）加入奶油糊中，無法用橡皮刮刀輕易地拌勻時，就必須改用手將所有材料抓成「糰狀」；用手將「乾、濕材料」抓成糰狀，既簡單又方便，請參考p.26的「麵糰……正確的搓揉」。

四 塑形

當麵糊製作完成後，如用在「擠花餅乾」上，則不需將麵糊放入冷藏室鬆弛；如溼度稍高的麵糰，不方便用手觸摸塑形，那麼就需要一段時間「冷藏鬆弛」，才方便以「手工塑形」做餅乾。

▶以「糖油拌合法」製作餅乾，適用於書中的「美式簡易餅乾」、「手工塑形餅乾」、「切割餅乾」、「擠花餅乾」及「塊狀餅乾」等，請參考不同單元中的做法及說明。

五 烘烤

請參考每一單元中的做法及說明。

【以上範例請看p.42的「巧克力豆餅乾」】

油粉拌合法

油＋粉　先混成「油粉糰」

首先將「油、粉」結合，形成鬆鬆散散的「油粉糰」，再藉由濕性材料的黏合，將所有材料混合成乾爽的「麵糰」；與「糖油拌合法」相較，除了材料混合的順序有差別外，其成品的口感也有不同。

製作油粉糰

加濕性材料（及配料）

抓成麵糰

塑形

烘烤

一 製作油粉糰

❶ 粉料過篩

將所有的粉料（低筋麵粉、無糖可可粉及糖粉……等之類的粉料）分別秤好後，一起過篩至容器中（料理盆），如有杏仁粉這項材料，也要放入容器內。

▶ 凡是屬性相同的粉末狀材料，都一起過篩至同一個容器中。

▶ 過篩時，如最後有殘留在篩網上的粗顆粒，也必須用手搓一搓通過篩網，才不會造成粉料的損耗，而影響製作品質；請參考p.24的「粉料需要過篩」說明。

❷ 油、粉混合

將無鹽奶油切成小塊，倒入粉料中。

▶ 奶油不需要事先回溫軟化。

▶ 如使用液體油脂，也是直接倒入粉料中。

❸ 搓揉

用雙手輕輕地將「油、粉」搓揉成均勻鬆散的「油粉糰」。

▶ 此時只是將油、粉黏合在一起，成爲大小不一的顆粒，不要刻意搓揉成糰；接著將濕性材料加入時，才更容易混合成完整的麵糰。

二 加濕性材料（及配料）

❹ 加入蛋液（或液體材料）

將全蛋（或蛋白、蛋黃、糖蜜、酒類、果汁……之類的濕性材料）倒入「油粉糰」中。

▶ 如材料中還有其他配料，也是在這個步驟加入。

5 先用橡皮刮刀攪拌

加完濕性材料後，可先用橡皮刮刀攪動所有材料，使容器中的「乾、濕」材料稍微混合黏在一起。

▶混合「乾、濕」材料時，先用手，再用道具，可順利又快速地將材料混合成糰，請參考p.26「麵糰……正確的搓揉」。

6 加入配料

當「乾、濕」材料混合成鬆散狀時，即可加入配料。

▶與「糖油拌合法」的流程7相同做法，當「乾、濕」材料尚未成爲完整麵糰即加入配料，非常容易拌合均勻，否則當麵糊（或麵糰）形成後才加配料，會花更多時間去拌合。

三 抓成麵糰

7 用手抓成糰狀

當所有材料都放入容器內且完成初步的混合後，就可用手將所有材料抓成均勻的「麵糰」。

▶以「油粉拌合法」製作，通常濕性材料的比例不高（不太可能成爲麵糊），麵糰的質地較乾爽，因此用手操作會比用橡皮刮刀更方便；請參考p.26「麵糰……正確的搓揉」。

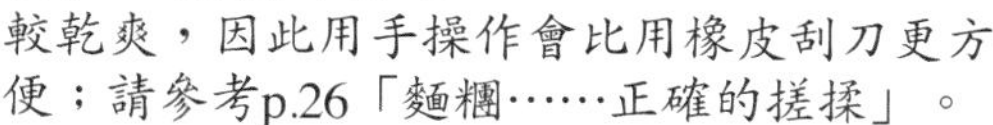

▶用手很容易將鬆散的材料聚合成糰，但不可用力搓揉，以免麵糰產生筋性，影響製作品質，請參考p.14的「何謂出筋？」。

8 鬆弛

將「麵糰」放在保鮮膜上，先用手壓扁，再冷藏鬆弛約30分鐘左右。

▶將麵糰壓扁後再冷藏，可讓麵糰在較短時間內即可冰透，以達到鬆弛的目的。

▶麵糰經冷藏鬆弛，「乾、濕」材料會更確實融合乾爽，塑形時比較好操作，特別是針對稍具溼度的麵糰，更不可省略冷藏鬆弛的過程。

▶如拌合後的麵糰較乾爽，可以直接用手觸摸塑形時，即可省略冷藏鬆弛的過程。

四 塑形

當麵糰經過一段時間「鬆弛」後，即可開始塑形。

▶以「油粉拌合法」製作餅乾，適用於書中的「手工塑形餅乾」、「切割餅乾」及「塊狀餅乾」等，請參考不同單元中的做法及說明。

五 烘烤

請參考每一單元中的做法及說明。

蛋糖拌合法

蛋＋糖　打發

簡單來說，當「蛋白＋糖」經過一段時間攪打後，即會呈現特有的質地，接著再加入乾性材料拌成鬆發的「麵糊」，就能做出酥酥鬆鬆的餅乾，例如知名的法國甜點「達克瓦茲」（Dacquois）及馬卡龍（Macaroons），即是以打發的蛋白霜製成；另外像是以「全蛋＋糖」打發所做的成品，也是屬於「蛋糖拌合法」的製作概念。因此，將材料中的「蛋、糖」先行處理，再與其他材料混合，即是「蛋糖拌合法」；除了可製成蛋糕外，也適合製作美味的餅乾，與其他的製作方式相較，成品的口感有很大差異，如p.44「蛋白核桃脆餅」及p.146「杏仁椰子酥條」。

流程

乾性材料備妥 → 製作蛋白霜 → 篩入粉料（並加配料） → 拌成麵糊 → 塑形 → 烘烤

一 乾性材料備妥

❶ 過篩或烘烤

材料中的低筋麵粉先過篩，如果還有其他乾性材料（椰子粉、杏仁粉……之類的），必須全部放在同一容器中備用。

▶ 通常所謂的「乾性材料」，除麵粉外，幾乎都是粉末狀的堅果（烘烤後），因此都需與麵粉視爲一體；但顆粒狀的碎堅果，則需等到粉料與蛋白霜快要拌勻時，才可加入拌勻，如p.44的「蛋白核桃脆餅」。

二 製作蛋白霜

❷ 攪打

蛋白放在乾淨的（沒有油、水）容器內，細砂糖秤好備妥；用攪拌機開始攪打蛋白，起初

會呈現粗粗的泡沫。

▶ 如以手拿式攪拌機，可用快速攪打，如用較大型的桌上型攪拌機，則用中速即可。

❸ 開始加糖

當蛋白持續攪打至泡沫增多時，即可分次加入細砂糖。

▶ 細砂糖以少量多次方式加
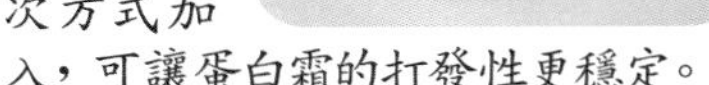
入，可讓蛋白霜的打發性更穩定。

▶ 在不斷地攪打過程中，蛋白內拌入大量的空氣，因此體積會變大，也會呈現一圈圈的紋路，表示鬆發的「蛋白霜」即將製作完成囉！

❹ 注意蛋白霜的變化

注意一下……在持續攪打過程中，蛋白霜體積會變大，但仍是流動狀。

▶ 持續攪打時，雖然蛋白霜仍會流動，但漸漸地已出現紋路狀，如圖右。

❺ 蛋白霜完成

持續地快速攪打後，蛋白霜即呈現滑順細緻的質地，而且在容器內不會流動，如圖左。

▲所謂「滑順細緻」，即利用橡皮刮刀在蛋白霜的表面來回滑動時，觸感滑順，會留下刮痕，且具有「不會流動」的蓬鬆度，如圖右。

▲取一坨蛋白霜再直立時，如呈現尖形尾端，或是帶有一點彎勾狀均可。

三 篩入粉料（並加配料）

❻ 加入粉料

將事先已過篩的粉料倒入蛋白霜中，用橡皮刮刀的刀面將粉料壓入蛋白霜中，並配合翻拌動作，將蛋白霜與粉料拌勻，即成為鬆發的「麵糊」。

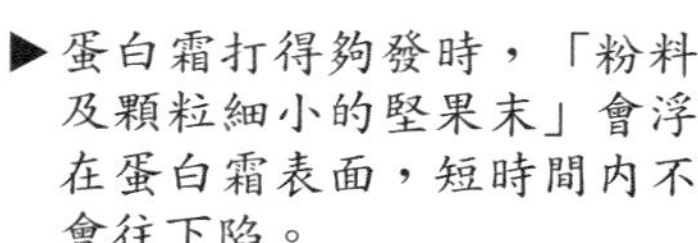

▶蛋白霜打得夠發時，「粉料及顆粒細小的堅果末」會浮在蛋白霜表面，短時間內不會往下陷。

▶如材料中的配料是顆粒狀的碎堅果，則需等到粉料與蛋白霜快要拌勻時，才可加入拌勻。

▶如果食譜中只有麵粉，也可用小篩網直接將麵粉篩入蛋白霜內。

❼ 加入配料

當粉料與蛋白霜快要拌勻時，即可將配料（例如：切碎的核桃或其他配料）加入。

▶蛋白霜與粉料拌合後，仍具有膨鬆度，不會流動。

❽ 拌勻

先用橡皮刮刀的刀面將「麵糊及配料」壓入蛋白霜內，再快速且輕輕地配合翻拌動作，將所有材料拌勻。

▶首先用橡皮刮刀以「壓」的方式先將「麵糊及配料」壓進蓬鬆的蛋白霜內，然後再不停翻拌，就很容易拌勻。

▶要不時地用橡皮刮刀刮一下沾黏在容器（料理盆）邊的麵糊，才會呈現均勻又滑順的質地。

四 拌成麵糊

❾ 蓬鬆的麵糊

全部的材料拌勻後，成為不會流動的「麵糊」。

▶當「蛋白霜」與所有的「粉料＋配料」拌勻後，仍呈現不會流動的狀態。

五 塑形

以「蛋白霜」製成的麵糊，可方便裝入擠花袋內擠製造型或直接將麵糊舀至烤盤上烘烤；但易沾黏的麵糊屬性，必須在烤盤上墊上烘焙紙或耐高溫的矽利康烤布；請參考p.44「蛋白核桃脆餅」、p.137「奶黃手指餅乾」及p.146「杏仁椰子酥條」的做法及說明。.

六 烘烤

請參考p.44「蛋白核桃脆餅」、p.137「奶黃手指餅乾」及p.146「杏仁椰子酥條」的做法及說明。

液體拌合法

濕性材料＋乾性材料　全部混合

將濕性材料攪成液體狀（或軟滑質地），再與乾性材料混合，成為「稀麵糊」或「濃稠麵糊」即可，是所有餅乾類別中，最容易也最單純的製作方式，幾乎不需要任何技術或經驗即能完成，如書中的「薄片餅乾」就是用「液體拌合法」製作完成；還有其他類型的餅乾，也可採用「液體拌合法」，不用製作「奶油糊」，因此，餅乾的口感既脆又硬，如p.69麥片脆餅。

流程

拌合濕性材料

加乾性材料（及配料）拌成稀麵糊（或濃稠麵糊）

塑形

↓

烘烤

一 拌合濕性材料

❶ 濕性材料放一起

將所有的濕性材料，例如糖粉、無鹽奶油、香草精及鮮奶……等，放在同一容器中。

▶雖然糖粉（或其他固體糖類）不屬於濕性材料，但最好先跟其他濕性材料混合，以盡速達到融化效果。

▶先將無鹽奶油秤好放在室溫下軟化，待隔水加熱（或微波加熱）時就會很快融化。

❷ 加熱融化

將容器放在熱水上，以隔水加熱方式將奶油融化，加熱時必須用打蛋器（或耐熱橡皮刮刀）邊攪拌，即成均勻的「奶油糊」。

▶也可改用「微波加熱」方式將奶油融化。

▶奶油快要完全融化時，即可將容器離開熱水，繼續用餘溫攪拌。

▶如使用液體油，則省略加熱動作，直接與其他的濕性材料拌勻即可。

濕性材料未必都需要加熱

以「液體拌合法」製作，如材料中含有無鹽奶油時，就必須與其他的濕性材料一起加熱至融化；如果濕性材料中沒有奶油，卻只有「蛋液、鮮奶或液體油……等」濕性材料，就可省略加熱動作，只要將這些材料拌勻即可。

❸ 加入蛋液（或液體材料）

材料中如有「全蛋、蛋白或蛋黃」，也需要加入奶油糊中，用打蛋器攪拌均勻，即完成一份「液體材料」。

▶避免蛋液遇熱會熟化，因此必須等到奶油糊稍稍降溫後，才可加入攪拌。

▶攪拌時應避免蛋糊出現氣泡，所以要以不規則方向攪動（順時針、逆時針方向交錯運用）。

二 加乾性材料（及配料）拌成稀麵糊（或濃稠麵糊）

❹ 篩入粉料（乾性材料）

一起篩入低筋麵粉、奶粉、抹茶粉……之類的粉料。

▶乾性材料中的「配料」，如果外型細小（例如：杏仁粉、小麥胚芽、杏仁角等），則可跟著麵粉一起加入拌合；反之，如果是外型較粗較大的配料，則必須在麵粉拌勻之後再加入混合，即能輕易地混合成稀麵糊，如p.179「咖啡堅果脆片」。

❺ 拌成稀麵糊（或濃稠麵糊）

用打蛋器以不規則的方向將「乾、濕材料」拌成均勻的「稀麵糊」（或濃稠麵糊）。

▶不要同一方向用力轉圈亂攪，以防止麵糊出筋而影響口感。
▶如容器內含粗顆粒材料，用橡皮刮刀拌合較方便。

❻ 加入配料

如果材料中含各式配料，例如各式堅果、乾果或麥片……等，即在稀麵糊拌好之後，接著加入拌勻。

▶如果沒有配料，則將基本的稀麵糊舀在烤盤上烘烤。

三 塑形

如要製作薄片餅乾，塑形時盡量將麵糊攤開呈薄片狀，直徑勿超過6公分，才容易掌握理想的烘烤狀態。

▶利用「液體拌合法」製作餅乾，除了p.170的「薄片餅乾」之外，也可以這種簡單的拌合方式製成各式較厚的餅乾，如p.121的「牛奶棒」、p.158的「高纖堅果棒」及p.166的「燕麥楓糖棒」，請參考不同單元中的做法及說明。

四 烘烤

請參考「薄片餅乾」的做法及說明。

材料混合後是麵糰？
是麵糊？還是稀麵糊？

從字面來看，所謂「麵糰」、「麵糊」、「稀麵糊」，三者的質地與觸感肯定是不同的。

麵糰↓

觸感乾爽，可直接用手觸摸，不會黏手。

麵糊（濕麵糰）↓

較濕黏的麵糰，用手觸摸會黏手。

稀麵糊↓

不同的濃稠度，但都會流動。

製作餅乾的用料，乾、濕材料的比例變化，會呈現以上3種不同屬性的混合物，因此塑形方式也必須遵守原則，才能順利製作與烘烤，進而得到理想的餅乾口感。以不同的拌合方式所產生的3種不同質地的「混合物」，即呈現以下書中6種不同的餅乾類別。

成品類別	拌合方式	生料屬性	塑形工具	外形特色
美式簡易餅乾	糖油拌合法、液體拌合法	麵糊（濕麵糰）	湯匙、叉子	不規則
手工塑形餅乾	糖油拌合法、油粉拌合法、液體拌合法	麵糰	雙手	圓片狀、圓球及各式變化造型
切割餅乾	糖油拌合法、油粉拌合法、液體拌合法	麵糰	刀子、切割器	圓片狀、方塊狀、條狀及各式變化造型
擠花餅乾	糖油拌合法、蛋糖拌合法	麵糊（濕麵糰）	擠花袋、擠花嘴	各式擠花造型
塊狀餅乾	糖油拌合法、油粉拌合法、液體拌合法	麵糰	刀子、大刮板	塊狀
薄片餅乾	液體拌合法	稀麵糊	湯匙、叉子	圓薄片、煙捲狀

你希望餅乾好做又好吃嗎？

掌握幾項製作的要點，除了可以讓你順利製作外，同時也能享受動手做的樂趣與成就感。

精確的分量……是基本要求！

毫無疑問，將食譜中的材料準備齊全又精確，絕對是成功製作的首要條件，雖不必苛求百分之百的精準度，但也不可誤差過大，否則不利於製作，同時完成後的成品往往與實際該有的效果相去甚遠囉！

◆使用電子秤

本書中的計量主要以克（g）為單位，因此，最好選用以1克為單位的電子秤，會比刻度的彈簧磅秤好用又精確；秤料時，將容器放在秤上，再將電子秤的數字歸零，即可分別秤取同屬性的材料，例如，食譜中有低筋麵粉100克、糖粉30克、杏仁粉20克，首先將容器放在秤上，按歸零鍵後，再秤取低筋麵粉100克，然後再按歸零鍵，接著秤取糖粉30克，再做數字規零動作，秤好杏仁粉的用量；因此準備一台電子秤非常方便。

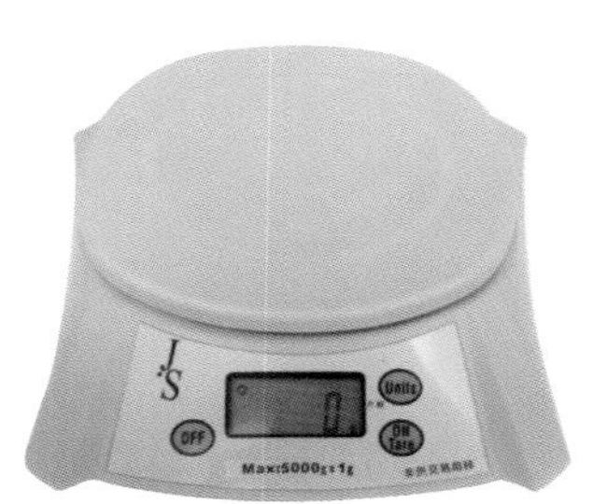

◆淨重的蛋量

蛋有大小之差

由於「蛋」有大小之差，往往也左右了麵糊或麵糰的成形，因此為降低誤差率，本書中的蛋量一律以「去殼後的淨重」來計量，而不以蛋的個數為單位。

一般來說，一顆雞蛋的蛋黃與蛋白的分量比例為1比2。

中型雞蛋：去殼後淨重約55~60克，蛋黃約占18-20克，蛋白約占37-40克。

小型雞蛋：去殼後淨重約50~55克，蛋黃約占15~18克，蛋白約占35~37克。

即表示如食譜中含有蛋黃18-20時，就必須選一般中型的雞蛋；反之，如食譜中的蛋黃是15克時，就盡量選小一點的雞蛋，敲殼後取出的蛋黃量，就八九不離十囉！

秤取蛋液的方式

因應不同口感的餅乾製作，有時會分別取用全蛋（蛋白+蛋黃）、蛋白或蛋黃，為避免蛋殼表層附著的雜質或細菌污染蛋液，最好將蛋殼敲破後，將全蛋（蛋白+蛋黃）倒入容器內，接著再秤取需要的用量。

秤取全蛋：將全蛋（蛋白+蛋黃）打散成均勻的蛋液後，再秤取需要的全蛋用量（如圖左）。

秤取蛋白：將全蛋（蛋白+蛋黃）內的蛋黃先用湯匙撈出（如圖右），再秤取需要的蛋白用量。

秤取蛋黃：將全蛋（蛋白+蛋黃）內的蛋黃先用湯匙撈出，再秤取需要的蛋黃用量。

◆量少時需用標準量匙

書中食譜的計量單位，除了「克」（g）之外，分量少的液體材料（例如檸檬汁、蘭姆酒等）或粉料（例如抹茶粉、可可粉等）不易秤量時，則可利用「標準量匙」取出需要的用量，其中大寫的T代表大匙，小寫的t代表小匙（或稱茶匙）；但需注意液體材料或粉狀材料應與量匙平齊。

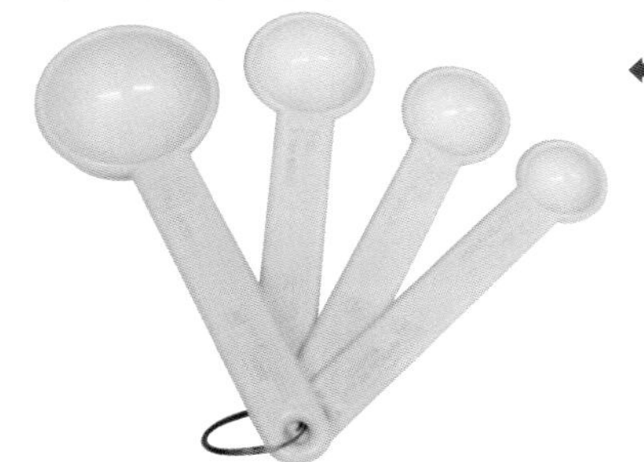

⬅1串標準量匙均附有4個不同容量的量匙，左圖從左至右：

1大匙（1 Table spoon，即1T）

1小匙（1 tea spoon，即1t）或稱1茶匙

1/2小匙（1/2 tea spoon，即1/2t）或稱1/2茶匙

1/4小匙（1/4 tea spoon，即1/4t）或稱1/4茶匙

（如1/8小匙，即用1/4小匙的一半分量）

材料的狀態……影響製作！

操作前，確認一下所有必須使用的材料，是在「最佳」狀態下，才可以順利進行材料的攪拌、打發及拌勻等動作。

◆奶油要事先軟化

開始秤料時，先將食譜中的無鹽奶油從冰箱取出，秤出需要的分量後放在容器內，只要放在「室溫下」慢慢回溫軟化即可（如p.12做法1的圖）；千萬不可心急，讓奶油直接加熱而成液態狀，除非是必要性地需要將奶油融化（如「液體拌合法」），否則一般的製作方式，奶油軟化後才有助於攪打後「拌入」空氣，而製成餅乾的酥鬆口感。

◆液體材料需要回溫

食譜中的液體材料（濕性材料）含雞蛋、鮮奶、果汁及優格……等，也都需要提前從冷藏室取出，放在室溫下達到「回溫」狀態，才有利於拌合後的效果。

◆粉料需要過篩

❖ 無論以何種拌合方式製作餅乾，都需將「粉料」過篩後才可使用，否則結粒的粉料不易與其他材料拌合；無論是將麵粉單獨過篩或將數種屬性相同的粉料一起過篩，最後殘留在篩網上的粗顆粒，也必須用手搓一搓通過篩網，才不會造成粉料的損耗，而影響製作品質。

❖ 製作餅乾經常會使用杏仁粉，盡量以較粗孔的篩網，將杏仁粉與麵粉一起過篩，如此的「綜合粉料」才更加均勻細緻；過篩後，殘留在篩網上的杏仁粒，也要用手盡量搓一搓通過篩網，實在無法過篩時，就直接倒入容器內，不要丟棄。

攪拌的手法及工具……不能隨心所欲！

就製作而言，不論「麵糊」或「麵糰」，最後終需將濕性與乾性的材料合而為一，然而是否掌握正確的拌合要領，的確能影響餅乾的製作品質與口感優劣。

麵糊……錯誤的拌合

太規則的攪拌

以「糖油拌合法」為例，當乾性的「粉料」篩在濕性的「奶油糊」之上時，利用橡皮刮刀不停地用力轉圈攪拌，以求兩種不同屬性的材料能快速地拌勻。

用錯工具

利用打蛋器用力混合乾、濕材料，或用攪拌機以快速方式拌合材料，會將材料塞成一坨，很難快速拌勻。

以上2種錯誤方式，均會導致麵糊出筋的後果，而影響口感的酥鬆度。

麵糊……正確的拌合

麵糊式的生料其濕性材料含量較高，進行拌合動作時較具濕黏感，因此不適合以雙手直接接觸，而必須利用「橡皮刮刀」將奶油糊與粉料做**切**、**壓**、**刮**的拌合動作，如此才能將一乾一濕的材料順利拌勻，以不同的手法交互運用，就是所謂的「不規則的方向」操作。

⬆ 首先乾性的「粉料」篩在濕性的「奶油糊」上面。

⬆ 將橡皮刮刀呈「直立狀」，一左一右**切著**奶油糊與粉料，目的是將粉料與奶油糊均勻地**先混在一起**；此時是拌合的第一步，不需急著用力轉圈拌勻。

⬆ 接下來將橡皮刮刀的刀面呈「平面狀」，然後將粉料**壓進**奶油糊內。

⬆ 需不時地用橡皮刮刀將容器底部**刮一刮**，以確保所有材料都能拌勻。

運用以上不同的手法，很自然地就能避免太規則的攪拌方式，以循序漸進的方式，很快速地即能拌成均勻的麵糊。

麵糰……錯誤的搓揉

雙手用力搓揉

所有材料要混合時，雙手用力搓揉，如同製作麵包揉麵的手法。

用攪拌機攪拌

用攪拌機以快速方式攪拌麵糰，並過度攪打。

以上2種錯誤方式，將材料混合時任意搓揉，均會導致麵糰出筋的後果，同時也會造成烘烤後成品收縮變形，以致影響口感應有的酥脆度。

麵糰……正確的搓揉

麵糰式的生料其濕性材料含量低，進行拌合動作時不具濕黏感，因此可利用「橡皮刮刀」及「雙手」，以漸進的方式將材料抓成糰狀即可。

⬆一開始先用橡皮刮刀，將濕性的「奶油糊」與乾性的「粉料」先做初步的拌合，也是與拌麵糊的相同手法。

⬆繼續用橡皮刮刀將材料以切、拌的方式混合「油、粉」，再配合「從底部翻拌動作」，「油、粉」即混合成黃色的鬆散小顆粒，此時麵粉已被奶油糊吸收。

⬆接著可用手將鬆散的小顆粒聚合成糰，即成為一坨一坨的小麵糰（此時可鋪在烤模內製作餅皮，如p.148的「塊狀餅乾」）。

⬆最後再用手掌將一坨一坨的小麵糰抓成完整的麵糰。

形狀的要求……需要一致性！

完成了麵糊或麵糰的製作，接下來的「塑形」工作，會直接影響烘烤品質，在同一烤盤的麵糊（或麵糰）造型要求，必須遵守以下三點「塑形原則」，才能同步烘烤至熟。

大小一致

以「手工塑形餅乾」為例，將一份大麵糰分割成數塊的小麵糰，最好以電子秤來分割麵糰，較能輕易掌控大小；另外如「切割餅乾」、「擠花餅乾」及「薄片餅乾」的外觀大小，也需儘量控制一致性；而以湯匙取麵糊的「美式簡易餅乾」，請參考p.41「塑形的方式」。

厚度一致

無論以刀切的麵糰，或以手工塑形的麵糰，其麵糰的厚度均要控制一致；尤其是以手將麵糰壓成片狀時，邊緣不可過薄，否則容易烤焦（如p.29「NG成品二」）；最好在0.8~1公分的厚度為宜，請參考p.55及p.90「掌握的重點」。

形狀一致

無論何種餅乾類別，放在同一烤盤上的麵糰，其形狀也要一致，尤其是以餅乾刻模所製作的切割餅乾，所選用的模型儘量要一致；不可造型多樣，大小不一，否則會影響烘烤時麵糰受熱上色的一致性。

麵糰（或麵糊）之間必須留間距……以免烤後的成品黏在一起！

除了確實做好塑形時「形狀的要求」之外，同時也必須注意每一份麵糰（或麵糊）放在烤盤上的「位置」；基於熱脹原理，每一種麵糰（或麵糊）都會呈現不同程度的膨脹效果，因此必須留出約2~3公分的間距，以免烤後的成品會黏在一起。

烘烤的技巧……只要勿烤焦，一切都好辦！

最後的重頭戲，當然就是細心地「烘烤」，疏忽的話有可能前功盡棄，烘烤過程需察「顏」觀「色」與隨機應變；完美的烘烤結果，就是將餅乾內的水分完全烤乾，同時呈現應有的酥脆度與理想的色澤。

總之，火侯需控制得宜，只要成品別「烤焦」，就算餅乾冷卻後不夠酥脆，也都能放回烤箱繼續烘烤；否則一旦烤成黑漆漆的模樣，就是NG成品，再也沒機會做任何補救動作囉！因此細心地掌握以下烘烤原則，即能製作出具有賣相的成品。

正確的烘烤……適時地觀察烘烤狀態，「烤溫」與「時間」要靈活運用

無論是聚溫佳的專業烤箱，還是陽春型的家用烤箱，都能烤出完美的餅乾，但前提是必須掌握正確的烘烤方式，以下要點請多加注意。

❖ 一般家用烤箱，烘烤前約5～10分鐘，以上火170℃、下火130℃預熱；而較大型的專業烤箱，則需在10～15分鐘以前預熱，成品受熱才會均勻。

❖ 除非例外，否則大部分成品都以「上火大、下火小」的溫度烘烤，如烤箱無法控制上、下火時，則以平均溫度即可；如做法中的上火170℃、下火130℃，則用160～170℃的平均溫度即可，也可試著將烤盤挪到烤箱中層的位置烘烤，以免餅乾底部太早上色。

❖ 使用任何烘箱，均應避免**高溫瞬間上色**，否則麵糰內部不易烤乾熟透。

❖ 不要一個溫度烤到底，中途可依上色程度而將溫度調低續烤，也就是以「低溫慢烤」方式進行較佳，較易掌握成品外觀的品質。

❖ 成品已達上色的狀態時（八、九分熟）即可關火，並利用烤箱的餘溫，以「燜」的方式將水分烘乾（請參考p.30的「烘烤的過程」）。

❖ 除薄片餅乾外，一般的餅乾麵糰，烘烤至約10～15分鐘後，觀察上色是否均勻，需適時地將烤盤的內、外位置調換。

❖ 不可堅守食譜上「烘烤溫度」與「時間數據」，一般成品（除薄片餅乾外）烘烤至約25～30分鐘後，如上色程度過淺，則需視情況延長烘烤時間。

❖ 出爐後的成品冷卻後，如觸感不夠硬實，口感也不具應有的酥脆度時，即可視情況再以低溫約120℃～150℃續烤數分鐘，即可改善成品的口感缺點。

❖ 成品烤熟的時間，是與麵糰大小成正比，麵糰越大越厚，烘烤時間要越久；反之，麵糰小小的或是薄薄的，就會縮短烘烤時間。

❖ 麵糰上色的速度往往會跟材料屬性有關，如麵糰內含蜂蜜、楓糖、糖蜜或杏仁粉等，麵糰都很容易上色甚至烤焦，因此必須多留意烤箱的溫度設定。

錯誤的烘烤……最常出現的狀況

如果疏忽以上「正確的烘烤」，那麼就有可能產生以下的NG成品。

NG 成品一

⬇ 成品的顏色有深有淺。

原因：表示烤箱的烤溫不平均，在烘烤過程中，沒有察「顏」觀「色」、隨機應變。

改進：

1. 烘烤至10～15分鐘時，如發現烤箱最裡面的餅乾顏色較深，而靠烤箱門邊的顏色較淺時，則需調換烤盤的內外位置。
2. 如發現有些成品已達上色烤熟的狀態時，就要儘快個別取出，千萬別等到整盤烘烤完成時才同時移出烤箱。

NG 成品二

⬇ 在烘烤過程中，成品尚未烤熟，邊緣即呈現較深的顏色。

原因：表示烤箱的下火溫度過高，或麵糰的邊緣過薄（上圖右）。

改進：

1. 需將烤箱的下火調到比原來設定的烤溫再低一點，如烤箱無法設定上、下火時，則需及時地在烤盤下方另加一個烤盤，或將烤盤挪到中層位置烘烤。
2. 麵糰壓成圓片狀時，要厚度一致，邊緣不可過薄，否則容易烤焦，最好在0.8～1公分的厚度為宜。

NG 成品三

⬇ 成品的顏色過深。

原因：烤箱溫度過高或烘烤時間過久。

改進：

需將烤箱的上、下火調到比原來設定的烤溫再低一點，應以「低溫慢烤」取代「高溫快烤」方式，當成品已達上色階段，甚至可關火以餘溫續烤（請參考p.30「烘烤的過程」）。

烘烤的過程……從生到熟，麵糰（或麵糊）的上色過程

生的麵糰（或麵糊）在烤箱中，隨著烘烤時間的增長，麵糰（或麵糊）會漸漸地烤出理想的色澤，同時也能依上色程度來判斷成品是否已烤熟。

以下的烘烤過程，是以麵糰式的原味餅乾舉例，如麵糰（或麵糊）內含其他配料時（例如：可可粉、抹茶粉），烘烤時的色澤變化，也是從原來較深的原色開始慢慢變淺，最後再呈現比原先麵糰（或麵糊）更乾爽且顏色加深的狀態。

⬆ 生麵糰尚未烘烤時的原來色澤。

⬆ 約10～15分鐘後，麵糰表面的水分先被烘乾，因此顏色會慢慢變淺。

⬆ 再續烤約10～15分鐘後，麵糰內的水分幾乎完全被烘乾，即呈現明顯的金黃色，此時已達八、九分熟狀態；如果是聚溫佳的專業烤箱，就可關火利用餘溫繼續燜乾烤透。

⬆ 續烤（燜）約5～10分鐘後，當成品呈現具有賣相的色澤即可。

餅乾的品嚐與保存

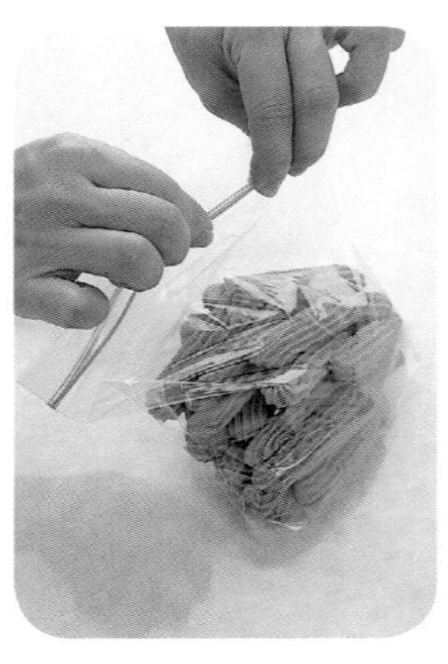

- 成品出爐待完全冷卻後，餅乾的酥、鬆、脆、香的各種特性才會出現，也才是最佳的品嚐時機。
- 成品出爐待完全冷卻後，應避免在室溫下放置過久，導致餅乾又吸收濕氣而變軟；應立即裝入玻璃罐、保鮮盒或塑膠袋內密封存放。
- 依環境的溼度或成品的類別，一般餅乾放在室溫下約可存放7～10天；但濕度較高的薄片餅乾，很容易反潮變軟，應儘速食用為佳。
- 如餅乾有回軟現象時，仍可以「低溫慢烤」方式將水分烤乾，即會恢復原有的酥脆口感。

書中的食譜該怎麼看？

書中的每一道食譜，除了品名之外，均列有製作方式、分量、材料、做法以及提醒一下等內容，分別說明如下：

製作方式：註明「糖油拌合法」、「油粉拌合法」、「蛋糖拌合法」或是「液體拌合法」，可立即掌握這道餅乾的製作方式，並特別注意相關事項。

分量：以家庭DIY製作為原則，書中的分量都不多，製作時可依據個人需要或方便性，將材料等比例增加；另外分量的個數多寡，也可依個人喜好分割麵糰。

提醒一下：除了做法的文字敘述，在「提醒一下」這個小專欄中，也提醒相關的參考資料，可幫助製作時的順利度。

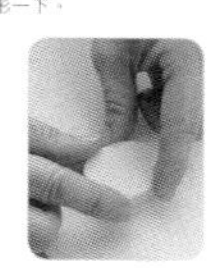

糖油拌合法 原味冰箱餅乾 約25片 分量

材料 無鹽奶油85克 糖粉70克 香草精1/2小匙 全蛋50克，低筋麵粉200克 奶粉30克

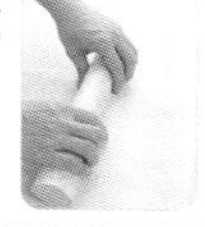

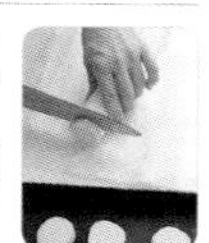

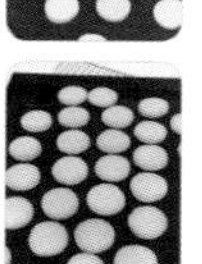

做法：

在每一個單元的第一道食譜，會以詳細的圖、文敘述做法，可當做同一單元不同食譜的範例；因此在製作時，可多參考第一道的做法及說明，同時也別疏忽每一個單元的開場說明。

材料：依照製作時取用材料的先後順序排列，並將材料以不同顏色線條歸類成一組，如以「糖油拌合法」製作時，就將「奶油糊」、「粉料」以及「配料」等分成3組材料，分別用不同顏色的線條畫在一起。

例如：無鹽奶油100克 糖粉50克 全蛋50克，低筋麵粉100克 南瓜粉20克 奶粉10克，南瓜子仁15克

如以「油粉拌合法」製作時，就將「乾性材料——粉料」歸一起，而「濕性材料」則是另一組，而堅果必須事先烘烤就放在第一個，並以另一個顏色線條劃分。

例如：

碎核桃50克，低筋麵粉150克 糖粉60克 杏仁粉15克，無鹽奶油60克 全蛋35克

本書使用的道具

餅乾的製作，從秤料、攪拌、打發、拌合、塑形到烘烤，仰賴適當的道具，才得以順利地進行至完成，所謂「工欲善其事，必先利其器」，更能發揮製作餅乾的樂趣與成就感，以下是製作餅乾的基本道具。

電子秤

以數字顯示重量，並以1克（g）為單位，放上容器後可將標示的重量數字歸零，較刻度的磅秤方便又精確。

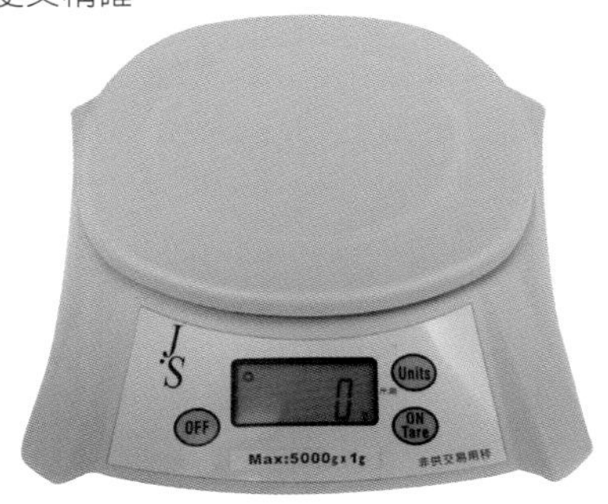

木匙

用來攪拌需要高溫加熱的食材，或是需要用力攪拌的材料。

打蛋盆（料理盆）

呈圓弧底的攪拌容器，不鏽鋼材質或玻璃製品均可，前者隔水加熱時傳熱較快，而玻璃製品可以微波加熱，兩種材質製品各有優點。

橡皮刮刀

拌合濕性與乾性材料，並可刮淨附著在打蛋盆上的材料，選用長度約24公分者為宜。

打蛋器

不鏽鋼材質，選用長度約30公分者為宜，用來攪拌液態材料或奶油的打發。

大刮板

在工作檯上製作麵糰時，可幫助濕性與乾性材料的拌合，並可將麵糰塑形成工整的形狀。

大、小篩網

粗孔的篩網，用來過篩麵粉或糖粉，而細孔的網篩，可過篩可可粉或糖粉（用於裝飾上）。

單柄鍋

融化奶油或煮沸其他材料時使用。

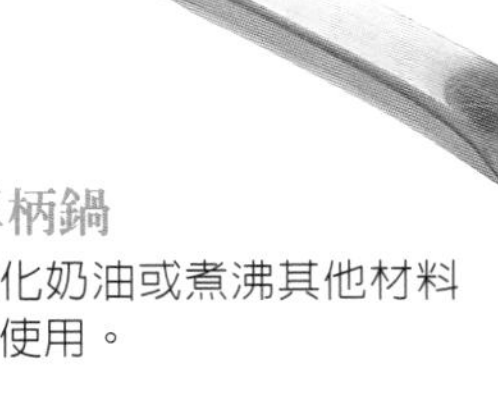

烘焙紙

舖在烤盤上或是墊在烤模內，可方便成品烘烤後脫模，也可包裹麵糰塑形成圓柱體或長方體。

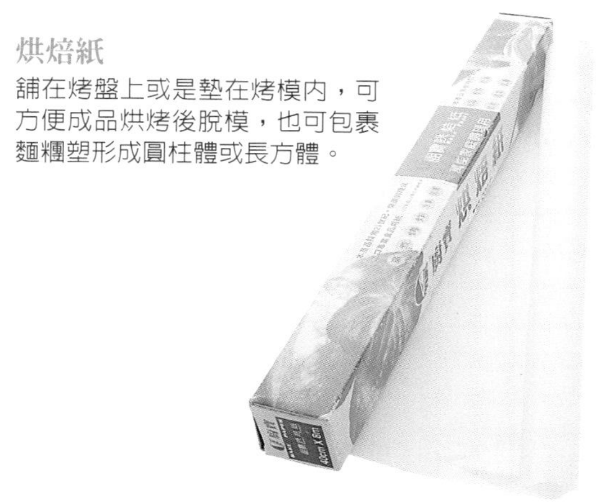

叉子

稀麵糊在烤盤上塑形時，可將麵糊與配料均勻地攤開。

小湯匙

可方便取少量的材料，進行填餡的動作。

大湯匙

麵糊在烤盤上塑形時，可方便地將麵糊平均攤開。

鋁箔紙

製作塊狀餅乾時，可墊在烤模內以利成品脫模。

保鮮膜

可包裹麵糰，以防止麵糰在室溫或冷藏室鬆弛時，水分風乾或流失，也可用在擀麵糰時，利用保鮮膜的隔絕，防止麵糰沾黏擀麵棍，可方便操作。

刨絲器

可刨下檸檬或柳橙的表皮呈細絲狀，用在材料的調味或成品的裝飾上。

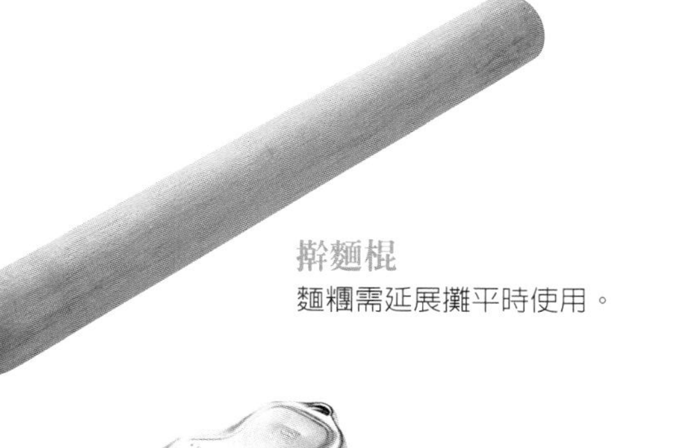

擀麵棍

麵糰需延展攤平時使用。

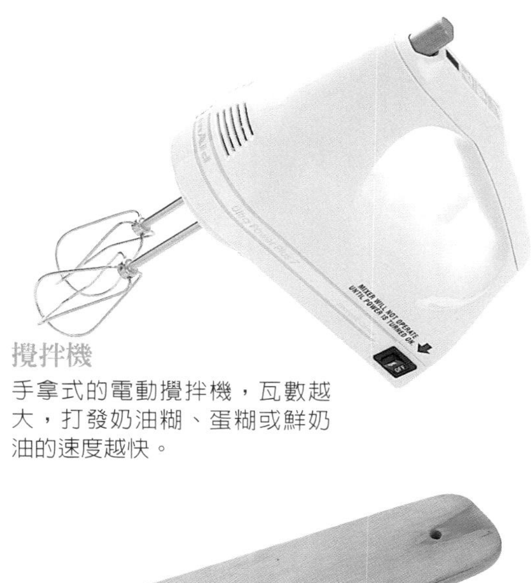

攪拌機

手拿式的電動攪拌機，瓦數越大，打發奶油糊、蛋糊或鮮奶油的速度越快。

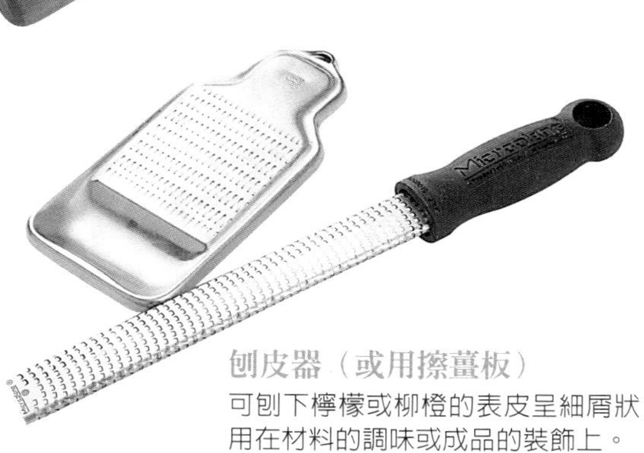

刨皮器（或用擦薑板）

可刨下檸檬或柳橙的表皮呈細屑狀，用在材料的調味或成品的裝飾上。

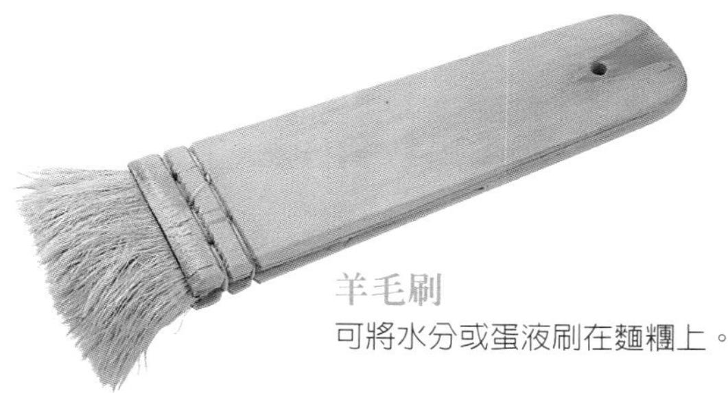

羊毛刷

可將水分或蛋液刷在麵糰上。

本書使用的材料

以下是本書中製作手工餅乾的主料及各種配料，瞭解其基本特性更有助於製作出美味的餅乾。

乳製品

鮮奶

即冷藏的鮮奶，使麵糊或麵糰增加濕潤度，選用全脂或低脂均可。

動物性鮮奶油（Whipped Cream）

為牛奶經超高溫殺菌製成（UHT），內含乳脂肪，不含糖，常用於慕絲或西餐料理上，風味香醇，口感佳。

奶油乳酪（Cream Cheese）

牛奶製成的半發酵新鮮乳酪，常用來製作乳酪蛋糕或慕絲，使用前需先從冷藏室取出回軟。

帕米善起士粉（Parmesan）

為硬質乳酪，是由塊狀磨成粉末狀，除用在各式西式料理外，還用於麵包、蛋糕或餅乾的調味。

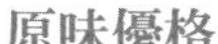

原味優格

呈固態狀，牛奶製成的發酵乳製品。

煉奶（Sweetened Condensed Milk）

呈乳白色濃稠狀，由新鮮牛奶蒸發提煉製作，內含糖分，使麵糊或麵糰增加濕潤度。

切達起士（Cheddar Cheese）

呈薄片狀，除於三明治的製作，添加在餅乾內可增添明顯的起士風味，在一般超市即可購得。

椰奶（Coconut Milk）

由椰肉研磨加工而成，含椰子油及少量纖維質，常用於甜點中增加風味。

油脂類

無鹽奶油（Unsalted Butter）

為天然的油脂，由牛奶提煉而成，製作各式西點時通常使用無鹽奶油，融點低，口感佳，需冷藏保存。

橄欖油（Olive Oil）

呈淡綠色，除用在各式料理外，當作餅乾麵糰的油脂，具有特殊的風味與微微果香。

堅果類

（以下所有的堅果都需冷藏存）

核桃（Walnut）

烘焙食品常用的堅果，添加在麵糊或麵糰中，最好先以低溫150°C烤10分鐘左右，讓內部水分烘乾再使用。

黑芝麻

烘焙食品常用的加味食材，如要添加在麵糰或麵糊中，需先烤過才會釋放香氣，如放在產品表面，則不需烤過。

杏仁粒

烘焙食品常用的堅果，是由整顆的杏仁豆加工切成的細粒狀。

白芝麻

烘焙食品常用的加味食材，如要添加在麵糰或麵糊中，需先烤過才會釋放香氣，如放在產品表面，則不需烤過。

杏仁豆（Almond）

是糕點中常用的堅果食材，富含油脂。

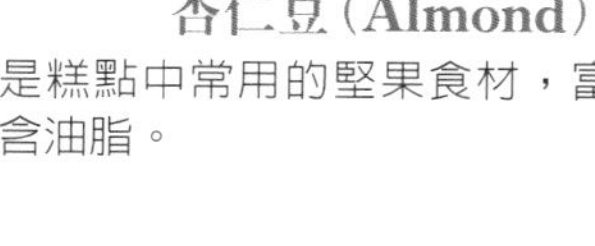

開心果仁（Pistachio）

含豐富的葉綠素，果實呈深綠色，屬高價位的堅果食材，常用於烘焙中或西點裝飾。

杏仁片

是由整顆的杏仁豆切片而成。

夏威夷豆（Macadamia）

是油脂含量高的堅果，口感酥脆，必須冷藏保存。

南瓜子仁

呈綠色，口感酥脆，是糕點中常用的堅果食材之一，富含油脂。

松子

是油脂含量高的堅果，口感酥脆，必須冷藏保存。

葵瓜子仁

呈灰色，口感酥脆，是糕點中常用的堅果食材之一，富含油脂。

粉　類

低筋麵粉
(Cake Flour)
製作蛋糕及餅乾的主要粉料，容易吸收空氣中的濕氣而結粒，使用前必須先過篩。

全麥麵粉
(Whole Wheat Flour)
低筋麵粉內添加麩皮，除用在蛋糕或麵包內，還常用在餅乾的製作，增添風味，另有不同的咀嚼口感。

杏仁粉
(Almond Powder)
由整粒的杏仁豆研磨而成，呈淡黃色，無味，常用於烘焙西點中，添加在餅乾內，可增添口感的風味與酥鬆性。

玉米粉
(Corn Starch)
呈白色粉末狀，具有凝膠的特性，除用在布丁製作外，添加在餅乾中，可改善內部組織，使其酥鬆綿細。

奶粉
常用在蛋糕、麵包或餅乾，增加產品風味。

南瓜粉
南瓜去皮去籽後，高壓均質後噴霧乾燥而成，粉末細膩均勻，可與麵粉混合製作烘焙糕點。

泡打粉(Baking Powder)
簡稱B.P.，呈白色粉末狀，是製作蛋糕及餅乾的化學膨大劑，使用時與麵粉一起過篩較均勻，經受熱後產生膨鬆效果。

穀物類

大燕麥片(Oats)
加入滾水中即可食用，還可添加在各式西點內，豐富產品的組織與增添風味。

綜合燕麥片(Cereal)
內含綜合性的穀物與乾果，常用在與鮮奶混合的早餐食物；添加在餅乾內，增加不同的風味與咀嚼口感。

即食燕麥片
加入滾水中即可食用，還可添加在各式西點內，豐富產品的組織與增添風味。

穀麥脆片(香果圈)
口感酥脆，含香甜果香味，常用在與鮮奶混合的早餐食物。

小麥胚芽
(Wheat Germ)
呈咖啡色細屑狀，除可直接調在牛奶中當作飲品外，也常添加在麵包或餅乾內，增添風味。

巧克力圈
(Chocolate Loops)
口感酥脆，常用在與鮮奶混合的早餐食物。

玉米片
(Corn Flakes)
口感酥脆，呈薄片狀，常用在與鮮奶混合的早餐食物；添加在餅乾內，增加不同的風味與咀嚼口感。

亞麻籽
(Brown Flaxseeds)
亞麻籽含有豐富的Omega3，有味道清淡的堅果香氣，含脂肪及膳食纖維。

糖　類

細砂糖

主要的各式西點甜味劑，顆粒細小，較容易融化及攪拌。

金砂糖

又稱二砂糖，添加在糕點中當作甜味劑，具上色效果。

粗砂糖

顆粒較粗，添加在餅乾麵糰內，經高溫烘烤不易融化，用於餅乾麵糰上，具裝飾效果。

紅糖

又稱黑糖，有濃郁的焦香味，使用前需先過篩。

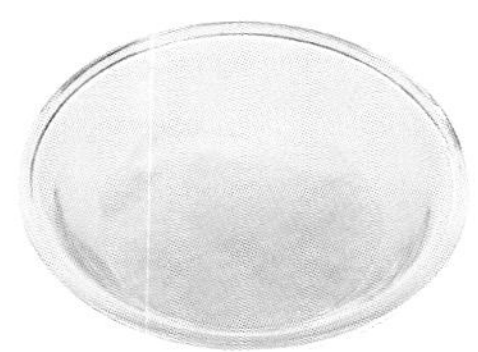

糖粉（Icing Sugar）

呈白色粉末狀，有些市售的糖粉內含少量的玉米粉，可防止結粒；製作餅乾時，易融入奶油糊中。

葡萄糖漿

（Glucose Syrup）

用於烘焙產品中，可增加保濕性，也常用於糖霜及糖果的製作。

蜂蜜

（Honey）

天然的液體糖漿，用於烘焙產品中，除可增加風味外，還有上色效果。

楓糖

（Maple Syrup）

是由楓汁液萃取而成，具有特殊香氣，非常適合各式西點的甜味劑。

果糖（Fructose）

呈透明狀，水分含量較高的液體糖漿。

糖蜜（Molasses）

又稱黑糖蜜，呈濃稠的黑色糖漿，常用於重口味的蛋糕或餅乾的製作。

乾果類

蔓越莓乾

口感微酸微甜，呈暗紅色，常添加在麵包或蛋糕內，增加風味，如顆粒過大，使用前可先切碎。

葡萄乾

常添加在麵包或蛋糕內，使用前需用蘭姆酒泡軟以增加風味，如要添加在餅乾內，最好先切碎，否則烘烤後的口感會太硬。

糖漬桔皮丁

桔皮經過糖蜜加工所製成，微甜並有香橙味，常添加在麵包、蛋糕或餅乾麵糰中，增添風味。

杏桃乾

（Dried Apricot）

新鮮杏桃經糖漬加工製成，口感軟Q，使用前需切碎再添加在各式麵糰中，增添風味。

去籽加州梅

（Pitted Prunes）

進口產品，新鮮加州梅糖漬加工製成，使用前需先切碎。

無花果乾

（Dried Figs）

含膳食纖維及多種礦物質，切碎後適用於烘焙糕點。

巧克力類

水滴形巧克力（Chocolate Chips）

進口產品，呈水滴形，微甜、耐高溫，經烘烤後也不易融化；最好選用最小的顆粒來製作，效果較佳。

苦甜巧克力

國產品，不需調溫的巧克力，微甜的口感，常用的烘焙食材，切碎後再隔水加熱，較易融化成液體。

白巧克力

國產品，有奶香味，常用的烘焙食材，切碎後再隔水加熱較易融化成液體。

調味、香料類

香草精

添加在餅乾或蛋糕內，可去除蛋腥味並增添口感的風味。較天然的香草精是由香草豆（Vanilla）粹取而成，價位高，而化學調味者價位較低廉。

義大利香料

為綜合的粉末香料，含迷迭香、洋香菜、羅勒、牛膝草、俄勒岡等，常用於西式料理中；也可添加適量於麵糰內製作香料餅乾。

黑胡椒粉

除用在中、西式料理調味外，添加在餅乾中，可製成辛香辣味的口感。

辣椒粉（Chili Powder）

呈鮮紅色的粉末狀，常用於料理調味，具有辛辣味，可加在麵糰內製作辣味餅乾。

紅麴粉

常用於料理中，可增加食物的風味及天然的紅色。

咖哩粉

除製作中式料理外，添加在餅乾中，可製成辛香風味的特殊口感。

鹽之花（Fleur de Sel）

產自法國給宏得（Sel de Guerande），是著名的天然結晶海鹽，鹹味柔和，用於料理上，增添食物的回甘甜美滋味；可加在麵糰內製作餅乾，突顯不同的鹹香風味。

新鮮九層塔

為「羅勒」品種，香草植物的一種，味道濃郁，除用在中、西式料理外，切碎後添加在餅乾內，有特殊的香氣。

薑粉

呈土黃色的粉末狀，常用在蛋糕或餅乾的調味，製成香料糕點。

肉桂粉

又稱「玉桂粉」，屬味道強烈的辛香料，能使糕點產品提味或調味。

荳蔻粉

呈灰褐色澤，多用於各種西式料理，也可加在糕點內調味，風味獨特。

匈牙利紅椒（Paprika）

呈鮮紅色的粉末狀，多用於西式料理，具著色效果，不具辣味，添加在餅乾麵糰內，具調色調味的功能。

各式加味材料

椰子粉

由椰子果實製成，加工後有不同的粗細，含食物纖維，常用於烘焙中增加風味。

番茄糊

（Tomato Paste）

是番茄的加工製品，呈濃稠的糊狀物，常用於西餐料理中。

抹茶粉

抹茶粉含兒茶素、維生素C、纖維素及礦物質，為受歡迎的健康食材，常添加在西點中，增加風味與色澤。

無糖可可粉

內含可可脂，不含糖，口感帶有苦味，常用於各式西點的調味或裝飾，使用前必須先過篩。

即溶咖啡粉

製作咖啡風味的各式西點的添加食材，加水或鮮奶調勻後，即可直接使用。

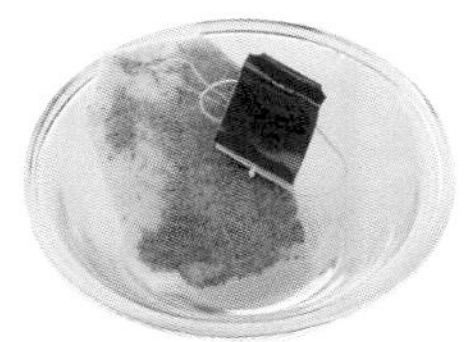

紅茶包

除與滾水沖泡作為飲料外，還可調成濃縮液添加在糕點內調味。

海苔粉

呈綠色的粉末狀，有明顯的海苔香，可增添糕點風味。

黑芝麻粉

由熟的黑芝麻研磨而成，市售的有含糖與不含糖兩種，製作餅乾時，請選用不含糖的產品。

海苔絲

常用於日式料理中，切碎後也可調在麵糰內製作加味餅乾。

海苔芝麻香鬆

為市售的調味產品，常用在米飯中調味，也可加在麵糰內，製成鹹香調味餅乾。

OREO餅乾

是市售餅乾，除直接食用外，使用前需先將夾心糖霜取出，將餅乾磨碎後常用來當作乳酪蛋糕或慕絲墊底用。

酒漬櫻桃

呈完整顆粒狀，新鮮櫻桃浸在櫻桃白蘭地中製成，酒香味非常濃郁，常用於各式蛋糕或慕絲的夾心及裝飾。

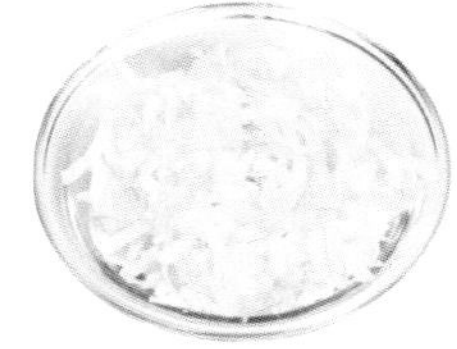

椰子絲

由椰子果實製成，呈細條狀，用於烘焙中可增加風味與裝飾效果。

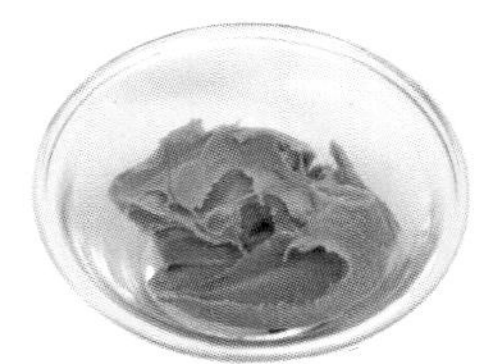

柔滑花生醬

呈滑順糕狀，不含花生碎顆粒。

顆粒花生醬

內含油脂及花生碎顆粒，除塗抹吐司食用外，還可添加在各式糕點內，增加風味。

檸檬皮

通常將皮刨成細絲或屑狀，加在烘焙產品中調味，而檸檬汁通常添加在慕絲或蛋糕內，增加風味。

柳橙皮

與檸檬使用方法相同，進口的香吉士外皮或果汁顏色較鮮豔，製作的效果較好。

卡魯哇咖啡（Kahlua）

酒精濃度為26.5%，適合添加在堅果、奶製品、巧克力及咖啡風味的慕絲或醬汁中，也適合直接添加在牛奶或咖啡中增添風味。

蘭姆酒（Rum）

酒精濃度40%，以甘蔗為原料所製成的蒸餾酒，常用於各式西點調味。

Part 1

美式簡易餅乾

用湯匙舀麵糊做餅乾，
連小朋友都會做喔！

「美式簡易餅乾」（drop cookies）即「滴落式餅乾」，可視為餅乾世界中的入門款：所有材料混合後，既可省略麵糊鬆弛的時間，又不需刻意做造型，最後利用一根湯匙，盡可能地取出定量麵糊，直接滴落在烤盤上，烘烤至熟後，即會形成不規則的成品；製作快速而且非常簡便，當然，最後的重點，一定得掌握烘烤技巧，就能呈現香噴噴的家庭式餅乾囉！

製作的原則

幾乎都以「糖油拌合法」製作，利用橡皮刮刀，將濕性與乾性材料混合均勻。「糖油拌合法」製作方式請參考p.12的「流程」。

生料的類別

材料拌合後，呈溼黏的麵糊狀（溼的麵糰），「麵糊」可直接滴落在烤盤上，不需刻意做造型；麵糊內的溼性材料比例偏高，從材料拌合到麵糊塑形，無法直接用手操作，都需利用道具來完成。

塑形的方式

1. 可利用「小湯匙」來取溼度高的麵糊，可方便將麵糊滴落在烤盤上，即成不規則的自然造型；也可利用小型冰淇淋挖勺舀出麵糊至烤盤上。
2. 初次製作時，如果無法掌控麵糊的大小，首先可用湯匙舀些麵糊先秤重確認，重量最好以15克為原則，約莫瞭解15克（直徑約3～4公分）的麵糊多寡後，再取麵糊分量時就比較容易拿捏，不至於差距過大；如麵糊沾黏在湯匙上無法滴落在烤盤上時，可用另一個小湯匙將麵糊撥到烤盤上（如右圖）。

掌握的重點

1. 拌合材料時，不可用力亂攪，需以「不規則的方向」攪拌（請參考p.12「糖油拌合法」）。
2. 用湯匙取麵糊時，需盡量控制麵糊的分量，慢慢地熟練後，即能做出大小一致的餅乾。
3. 麵糊滴落在烤盤上時，必須留出約2～3公分的間距，以免烘烤後的成品黏在一起。

烘烤的訣竅

1. 由於麵糊是不規則狀的一小坨，烘烤後麵糊會攤開，以致於邊緣會變得較薄，因此下火的溫度盡量調低些；參考溫度為上火約170℃、下火約100℃，烘烤時間約25分鐘左右，熄火後繼續用餘溫燜5～10分鐘左右；如烤箱無法分別設定上、下火的溫度，即以平均溫度烘烤，其他的注意事項請參考p.28的「正確的烘烤」。
2. 麵糊舀在烤盤上，如有過厚情形，則必須用「低溫慢烤」方式將麵糊內的水分徹底烘乾，成品的口感就會非常酥脆可口。

提醒一下

- 麵糊是以「糖油拌合法」製作完成，請參考p.12的「流程」。
- 做法9：麵糊不要過大，以免烘烤不易熟透，約15克左右（直徑約3~4公分）即可；除以小湯匙取麵糊外，也可利用小型冰淇淋挖勺舀出麵糊至烤盤上，請參考p.41「塑形的方式」。
- 水滴形巧克力屬於耐高溫型的巧克力，烘烤後亦不會融化，可隨個人的口感偏好增減用量。

糖油拌合法

巧克力豆餅乾

約24片 分量

材料 無鹽奶油 80 克　細砂糖 35 克　香草精 1/4 小匙　全蛋 35 克

低筋麵粉 120 克　泡打粉 1/8 小匙　水滴形巧克力（小顆粒）60 克

做法 以下的製作過程與說明，可供其他的「美式簡易餅乾」參考。

製作奶油糊

1. 無鹽奶油秤好放在容器內於室溫下軟化，可同時將細砂糖及香草精加入容器內備用。

▶奶油軟化請參考p.12「做法1」及p.24「奶油要事先軟化」。

2. 用攪拌機攪打均勻，呈滑順感即可。

▶細砂糖混入奶油中，不需刻意攪打至細砂糖融化，因為下一個步驟仍有機會攪拌。

3. 將全蛋攪散分次加入做法2中，要以快速攪打均勻。

▶每次加入蛋液時，都要確實地融入奶油中，才能繼續加入蛋液，應避免加得太快而造成油水分離現象；慢慢加蛋液的同時，可持續攪打，不用刻意將機器停下來。

4. 繼續以快速攪打均勻，呈現光滑細緻且顏色稍微變淡的「奶油糊」。

▶必須適時地停下機器，用橡皮刮刀刮一下容器四周及底部沾黏的材料，有關「奶油糊」，請參考p.13「糖油拌合法」的做法4。

篩入粉料

5. 將麵粉及泡打粉一起篩入奶油糊中。

▶可利用小篩網直接將麵粉及泡打粉一起篩入奶油糊中，或事先將麵粉及泡打粉一起過篩後備用；過篩時，如有最後殘留在篩網上的粗顆粒，也必須用手搓一搓通過篩網，才不會造成粉料的損耗，而影響製作品質。

6. 用橡皮刮刀將粉料與奶油糊稍微拌合。

▶粉料與奶油糊混在一起即可，請參考p.14「糖油拌合法」的做法6。

加配料(水滴形巧克力)

7. 當粉料及奶油糊尚未成糰時，即可加入水滴形巧克力。

▶尚未成糰即加入水滴形巧克力，非常容易拌合均勻；請參考p.14「糖油拌合法」的做法7。

拌成麵糊

8. 用橡皮刮刀以不規則的方向拌成均勻的「麵糊」。

▶不要同一方向用力轉圈亂攪，以防止麵糰出筋而影響口感，請參考p.14「何謂出筋？」及p.25「攪拌的手法及工具」。

塑形

9. 用小湯匙取適量的麵糊約15克左右，直接將麵糊倒在烤盤上，必須留出約2~3公分的間距。

▶應盡量拿捏麵糊大小一致，請參考p.41「塑形的方式」。

烘烤

10. 烤箱預熱後，以上火170℃、下火100℃烘烤約25分鐘左右，熄火後繼續用餘溫燜5~10分鐘左右。

▶注意上色狀況，烤溫與時間要靈活運用，請參考p.28「正確的烘烤」及p.41的「烘烤的訣竅」。

蛋糖拌合法

蛋白核桃脆餅

約15個 分量

參見DVD示範

材料 核桃50克
蛋白50克 細砂糖30克
低筋麵粉25克

做法

1. 烤箱預熱後，先將核桃以上、下火各150℃烘烤約10分鐘後，放涼切碎備用。
2. 用攪拌機將蛋白打成粗泡狀後，再分3次加入細砂糖，繼續以快速攪打成為滑順細緻且不會流動的蛋白霜，蛋白霜的尖端會呈現直立狀（圖1）。
3. 將低筋麵粉篩入做法2的蛋白霜內，用橡皮刮刀先將麵粉壓入蛋白霜內，再配合翻拌動作，拌勻後接著加入碎核桃，輕輕地翻拌成均勻的「麵糊」（圖2）。
4. 烤盤上墊上烤焙紙或耐高溫烤布，用小湯匙取適量的麵糊約15克左右，直接倒在烤盤上（圖3）。
5. 烤箱預熱後，以上火150℃、下火100℃烘烤約25分鐘左右，再以120℃續烤約20分鐘，熄火後繼續用餘溫燜60分鐘左右呈金黃色。

提醒一下

- 麵糊的成分是以「蛋白霜」製作完成，請參考p.18的「流程」。
- 核桃也可用其他的堅果代替，使用前都需烤熟。
- 做法3：將麵粉拌入蓬鬆的蛋白霜時，與一般奶油糊的攪拌方式不同：首先需用橡皮刮刀將粉料輕輕地壓入蛋白霜內，再配合翻拌動作，即可輕易拌合均勻。
- 做法3：所有材料拌勻後，麵糊仍呈不會流動的鬆發狀（圖4）。
- 做法4：如烤盤是鐵氟龍材質，就不必墊上烘焙紙（或耐高溫烤布）；使用「低溫慢烤」方式將麵糊內的水分完全烤乾，成品會變得很輕，同時具有鬆脆的口感。請參考p.28「正確的烘烤」及p.41「烘烤的訣竅」。

糖油拌合法

杏仁粒酥餅

分量 約22個

材料 杏仁粒50克、無鹽奶油80克 細砂糖50克 鹽1/4小匙 香草精1/4小匙 全蛋30克、低筋麵粉100克 奶粉15克 杏仁粉15克

做法

1. 烤箱預熱後，先將杏仁粒以上、下火各150℃烘烤約10分鐘，放涼備用（圖1）。
2. 無鹽奶油秤好放在室溫下軟化後，加細砂糖、鹽及香草精，用攪拌機攪打均匀，呈滑順感即可。
3. 將全蛋分次加入做法2中（圖2），繼續以快速攪打成均匀的「奶油糊」。
4. 將低筋麵粉及奶粉一起篩入奶油糊中，接著加入杏仁粉，用橡皮刮刀稍微拌合，即可加入杏仁粒（圖3）。
5. 用橡皮刮以不規則的方向將所有材料拌成均匀的「麵糊」。
6. 用小湯匙取適量的麵糊約15克左右，直接倒在烤盤上。
7. 烤箱預熱後，以上火170℃、下火100℃烘烤約25分鐘左右，熄火後繼續用餘溫焖5~10分鐘左右。

提醒一下

- 麵糊是以「糖油拌合法」製作完成，請參考p.12的「流程」及p.42「巧克力豆餅乾」的做法及說明。
- 做法6：麵糊的大小請參考p.41「塑形的方式」。
- 杏仁粒也可用其他切碎的堅果代替，使用前都需稍微烘烤一下，成品的香氣較足。
- 做法7：請參考p.28「正確的烘烤」及p.41「烘烤的訣竅」。

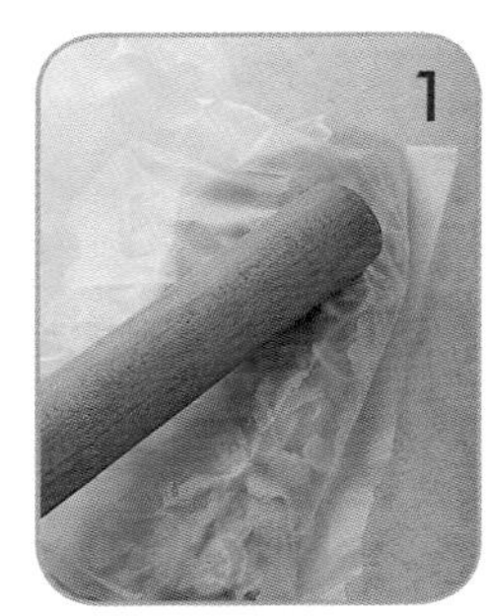

液體拌合法

巧克力玉米片脆餅

約7個 分量

材料 玉米片（Corn Flakes）100 克　苦甜巧克力 100 克　烤熟的杏仁片 10 克

做法

1. 玉米片裝入塑膠袋內，用擀麵棍稍微敲碎備用（圖1）。
2. 苦甜巧克力以隔水加熱方式攪拌至融化，待完全降溫後再加入玉米片，用橡皮刮刀攪拌均勻（圖2）。
3. 將做法2的材料平均地倒入直徑5.5公分、高2公分的小圓模內，用小湯匙將表面抹平並稍微壓緊。
4. 在表面黏上適量的杏仁片裝飾（圖3），冷藏約15~20分鐘待凝固即可脫膜。

提醒一下

- 玉米片不需敲得太細，口感較好。
- 材料中的苦甜巧克力是一般免調溫的苦甜巧克力（不含可可脂），隔水融化後待冷卻降溫即會凝固，用來製作「巧克力玉米片脆餅」非常方便。
- 做法2：巧克力需降溫後再加玉米片，較能保有玉米片的脆度。
- 做法3：表面整形時，不需刻意壓得很緊密，口感才不會太硬。
- 小圓模使用前不需抹油，只要待巧克力確實凝固後，即能順利脫模。

糖油拌合法

香濃杏仁酥

分量 約12片

材料 葡萄乾20克、無鹽奶油15克 糖粉30克 蛋黃35克、低筋麵粉30克 杏仁粉30克 玉米粉20克

做法

1. 葡萄乾切碎備用。
2. 無鹽奶油秤好放在室溫下軟化後，加入糖粉，用橡皮刮刀攪拌混合（圖1）。
3. 將蛋黃加入做法2中，用攪拌機以快速攪打成均勻的「蛋黃奶油糊」。
4. 將低筋麵粉篩入蛋黃奶油糊中，再分別加入杏仁粉及玉米粉，用橡皮刮刀稍微拌合（圖2）。
5. 接著加入葡萄乾，繼續用橡皮刮刀拌成均勻的「麵糊」（圖3）。
6. 用小湯匙取適量的麵糊約15克左右，直接倒在烤盤上。
7. 烤箱預熱後，以上火160℃、下火100℃烘烤約20~25分鐘左右，熄火後繼續用餘溫燜5~10分鐘左右。

- 麵糊是以「糖油拌合法」製作完成，請參考p.12的「流程」及p.42「巧克力豆餅乾」的做法及說明。
- 材料中含蛋黃及玉米粉，拌合後的麵糊會呈現黏稠狀，是正常現象。
- 做法6：麵糊的大小請參考p.41「塑形的方式」。
- 葡萄乾也可改用蔓越莓乾，使用前也需要切碎。
- 做法7：請參考p.28「正確的烘烤」及p.41「烘烤的訣竅」。

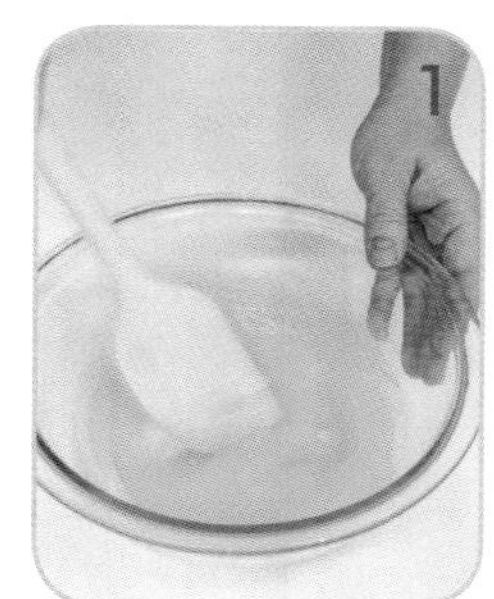

糖油拌合法

燕麥片芝麻酥餅

約22片 分量

材料 無鹽奶油80克 金砂糖（二砂糖）50克 全蛋50克 低筋麵粉50克 全麥麵粉50克 即食燕麥片25克 杏仁粉15克 生的白芝麻5克

做法

1. 無鹽奶油秤好放在室溫下軟化後，加金砂糖用攪拌機攪打均勻，呈滑順感即可。
2. 將全蛋分次加入做法1中，繼續以快速攪打成均勻的「奶油糊」（圖1）。

3. 將低筋麵粉篩入奶油糊中，接著加入全麥麵粉、即食燕麥片及杏仁粉，用橡皮刮刀以不規則的方向拌成均勻的「麵糊」（圖2）。

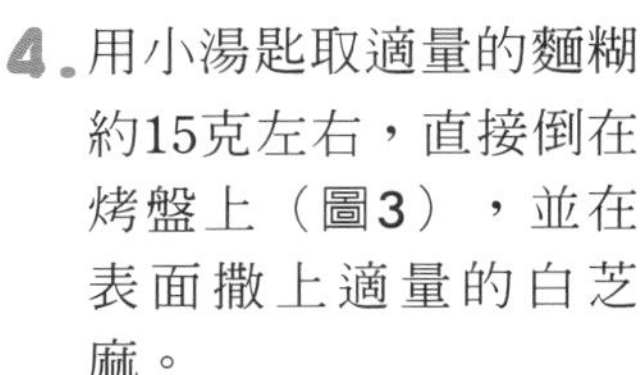

4. 用小湯匙取適量的麵糊約15克左右，直接倒在烤盤上（圖3），並在表面撒上適量的白芝麻。
5. 烤箱預熱後，以上火170℃、下火100℃烘烤約20分鐘左右，熄火後繼續用餘溫燜5~10分鐘左右。

提醒一下

- 麵糊是以「糖油拌合法」製作完成，請參考p.12的「流程」及p.42「巧克力豆餅乾」的做法及說明。
- 做法4：麵糊的大小請參考p.41「塑形的方式」。
- 也可將熟的白芝麻直接拌入麵糊中烘烤，分量約15克。
- 做法5：請參考p.28「正確的烘烤」 及p.41「烘烤的訣竅」。

糖油拌合法

玉米片香脆餅乾

約20片

材料 玉米片（Corn Flakes）30克 蔓越莓乾30克
無鹽奶油60克 金砂糖（二砂糖）40克 全蛋30克
低筋麵粉80克 奶粉10克

做法

1. 將玉米片裝入塑膠袋內，用擀麵棍敲碎（圖1），蔓越莓乾切碎，分別裝入碗中備用（圖2）。

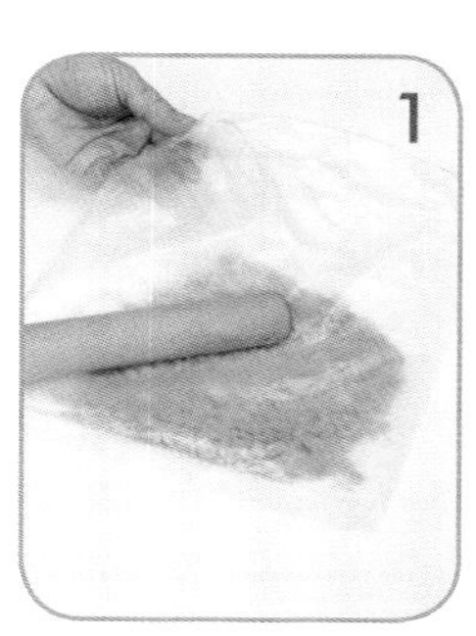

2. 無鹽奶油秤好放在室溫下軟化後，加入金砂糖，用攪拌機攪打均勻，呈滑順感即可。
3. 將全蛋分次加入做法2中，繼續以快速攪打成均勻的「奶油糊」。

4. 將低筋麵粉及奶粉一起篩入奶油糊中，用橡皮刮刀稍微拌合，即可加入玉米片及蔓越莓乾（圖3），以不規則的方向拌成均勻的「麵糊」。

5. 用小湯匙取適量的麵糊約15克左右，直接倒在烤盤上。
6. 烤箱預熱後，以上火170℃、下火100℃烘烤約25分鐘左右，熄火後繼續用餘溫燜5~10分鐘左右。

提醒一下

- 麵糊是以「糖油拌合法」製作完成，請參考p.12的「流程」及p.42「巧克力豆餅乾」的做法及說明。
- 做法1：蔓越莓乾可改用葡萄乾來製作，使用前必須盡量切碎，口感較好。
- 做法5：麵糊的大小請參考p.41「塑形的方式」。
- 做法6：請參考p.28「正確的烘烤」及p.41「烘烤的訣竅」。

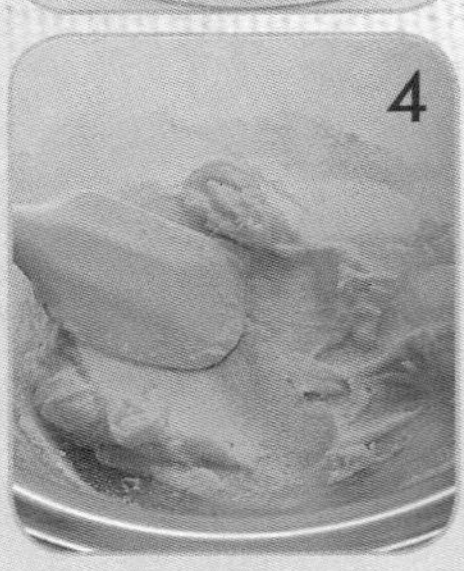

糖油拌合法

果香小西餅

分量 約12片

材料 無鹽奶油 60 克　糖粉 40 克　柳橙汁 1 大匙　檸檬 1 個　柳橙 1 個　低筋麵粉 70 克　杏仁粉 10 克

做法

1. 無鹽奶油秤好放在室溫下軟化後，加入糖粉，先用橡皮刮刀稍微攪拌混合（圖1），再用攪拌機攪打均勻，呈滑順感即可。
2. 將柳橙汁加入做法1中（圖2），繼續以快速攪打成均勻的「奶油糊」。
3. 分別刨入檸檬及柳橙的皮屑（圖3），繼續以快速攪打均勻。
4. 將低筋麵粉篩入奶油糊中，接著加入杏仁粉，用橡皮刮刀以不規則的方向拌成均勻的「麵糊」（圖4）。
5. 用小湯匙取適量的麵糊約15克左右，直接倒在烤盤上。
6. 烤箱預熱後，以上火170℃、下火100℃烘烤約25分鐘左右，熄火後繼續用餘溫燜5~10分鐘左右。

提醒一下

- 麵糊是以「糖油拌合法」製作完成，請參考p.12的「流程」及p.42「巧克力豆餅乾」的做法及說明。
- 材料中以柳橙汁取代蛋液，即一般「糖油拌合法」的製作方式，在做法3內加入檸檬及柳橙的皮屑後，也能順利地攪打出均勻的奶油糊。
- 做法5：麵糊的大小請參考p.41「塑形的方式」。
- 麵糊中加入檸檬及柳橙的皮屑，可突顯清爽風味，「皮屑」是指表皮部分，不可刮到白色筋膜，以免口感苦澀；可依個人的口感偏好增減用量。
- 做法6：請參考p.28「正確的烘烤」及p.41「烘烤的訣竅」。

糖油拌合法

花生醬酥餅

約15片 分量

材料 無鹽奶油40克 細砂糖35克 顆粒花生醬50克 蛋白25克、低筋麵粉80克

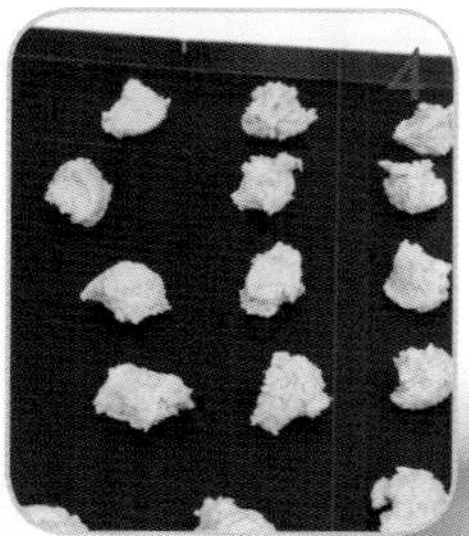

做法

1. 無鹽奶油秤好放在室溫下軟化後，加細砂糖，用攪拌機攪打均勻，呈滑順感即可。
2. 接著加入顆粒花生醬（圖1），繼續以快速攪打均勻（圖2）。
3. 將蛋白攪散後分次加入做法2中（圖3），繼續以快速攪打均勻，即成「花生醬奶油糊」。
4. 將低筋麵粉篩入花生醬奶油糊中，用橡皮刮刀以不規則的方向拌成均勻的「麵糊」。
5. 用小湯匙取適量的麵糊約15克左右，直接倒在烤盤上（圖4）。
6. 烤箱預熱後，以上火170℃、下火100℃烘烤約25分鐘左右，熄火後繼續用餘溫燜5~10分鐘左右。

提醒一下

- 麵糊是以「糖油拌合法」製作完成，請參考p.12的「流程」及p.42「巧克力豆餅乾」的做法及說明。
- 做法5：麵糊的大小請參考p.41「塑形的方式」。
- 做法6：請參考p.28「正確的烘烤」及p.41「烘烤的訣竅」。

5

糖油拌合法

焦糖蘋果餅乾

分量 約18片

材料 A. **焦糖蘋果**：青蘋果 100 克（去皮後） 細砂糖 50 克 鮮奶 10 克

B. 無鹽奶油 50 克 金砂糖（二砂糖）25 克 全蛋 20 克 低筋麵粉 80 克 奶粉 15 克

做法

1. **焦糖蘋果**：青蘋果去皮去籽後，切成約1公分的丁狀備用。
2. 空鍋稍微加熱後，將細砂糖加入鍋內（圖1），用小火煮至焦糖色且冒小泡泡（圖2），熄火後慢慢加入鮮奶，再用木匙或湯匙拌勻，接著加入蘋果丁再開中火拌炒（圖3），續炒至湯汁收乾（圖4），即成**焦糖蘋果**，放涼備用。
3. 無鹽奶油秤好放在室溫下軟化後，加金砂糖，用攪拌機攪打均勻，呈滑順感即可。
4. 將全蛋慢慢加入做法3中，繼續以快速攪打成均勻的「奶油糊」。
5. 將低筋麵粉及奶粉一起篩入奶油糊中，用橡皮刮刀稍微拌合，即可加入焦糖蘋果，以不規則的方向拌成均勻的「麵糊」（圖5）。
6. 用小湯匙取適量的麵糊約15克左右，直接倒在烤盤上。
7. 烤箱預熱後，以上火170℃、下火100℃烘烤約20分鐘左右，熄火後繼續用餘溫燜10~15分鐘左右。

提醒一下

- 麵糊是以「糖油拌合法」製作完成，請參考p.12的「流程」及p.42「巧克力豆餅乾」的做法及說明。
- 做法6：麵糊的大小請參考p.41「塑形的方式」。
- 利用低溫慢烤方式，即可將麵糊烤透，焦糖蘋果呈鬆軟的口感。
- 做法7：請參考p.28「正確的烘烤」及p.41「烘烤的訣竅」。

糖油拌合法

黑芝麻奶酥餅乾

分量 約20片

材料 無鹽奶油70克　細砂糖50克　鹽1/4小匙　蛋白30克　奶粉10克　低筋麵粉120克　熟的黑芝麻15克

做法

1. 無鹽奶油秤好放在室溫下軟化後，分別加入細砂糖及鹽，用攪拌機攪打均勻，呈滑順感即可。
2. 將蛋白攪散後分次加入做法1中（圖1），以快速攪打均勻，接著加入奶粉，繼續攪打成均勻的「奶油糊」（圖2）。
3. 將低筋麵粉篩入奶油糊中，再加入熟的黑芝麻，用橡皮刮刀以不規則的方向拌成均勻的「麵糊」。
4. 用小湯匙取適量的麵糊約15克左右，直接倒在烤盤上（圖3）。
5. 烤箱預熱後，以上火170℃、下火100℃烘烤約20分鐘左右，熄火後繼續用餘溫燜5~10分鐘左右。

提醒一下

- 麵糊是以「糖油拌合法」製作完成，請參考p.12的「流程」及p.42「巧克力豆餅乾」的做法及說明。
- 做法2：分次加完蛋白後，接著加入奶粉繼續快速攪拌，有助於吸收水分，避免油水分離。
- 做法4：麵糊的大小請參考p.41「塑形的方式」。
- 做法5：請參考p.28「正確的烘烤」及p.41「烘烤的訣竅」。

1

2

3

Part 2

手工塑形餅乾

用雙手塑形做餅乾，
比機器產品還好吃！

以手工塑形製作餅乾，除基本款的圓片狀外，還可利用麵糰的可塑性，用手搓成長條狀、揉成圓球狀，以及依個人的創意做出好看的花式造型；甚至可以填餡、包餡，做成「有料」的餅乾，讓品嚐時多了更多的味蕾驚喜。

製作的原則

可廣泛利用不同的拌合方式，除了利用橡皮刮刀，將溼性與乾性材料混合均勻外，也可直接用手將所有材料抓成糰狀（請參考p.26的說明）。
手工塑形餅乾的麵糰是以「糖油拌合法」、「油粉拌合法」及「液體拌合法」製作，請參考p.12～17及p.20～21的「流程」。

生料的類別

屬於軟性「麵糰」，質地乾爽，溼度界於「美式簡易餅乾」與「切割餅乾」之間，從乾、溼材料拌合到麵糰塑形，都可直接用手操作。

塑形的方式

可用雙手分割麵糰，再將每一小塊麵糰「搓」、「揉」成各式造型。

掌握的重點

1. 材料混合成糰後，如觸感有些溼度時，只要將麵糰放入冷藏室鬆弛，當乾、溼材料充分混合後，麵糰變得更加乾爽，塑形時就不易黏手。
2. 麵糰如放在室溫下鬆弛，必須用保鮮膜包好，以防止水分流失。
3. 製作一般片狀的餅乾，麵糰要分割塑形時，每一份小麵糰最好控制在20～25克以內；如其他的圓球形或各式花式造型，麵糰分割約為10～15克。
4. 麵糰分割時，只是以適當的大小均分，千萬不要過大，否則水分不易烤乾；此外，麵糰的厚度也要一致，最好在0.8～1公分的厚度為宜，邊緣不可過薄，否則很容易先上色而烤焦（請參考p.27「形狀的要求」）。

烘烤的訣竅

烘烤溫度仍以「上火大、下火小」為原則，參考溫度為上火約170℃、下火約130～150℃，烘烤時間約25～30分鐘左右，熄火後繼續用餘溫燜約5～10分鐘左右。

另外要特別注意，有些食材在烘烤過程中，會讓麵糰在短時間內即會上色，尤其是接觸烤盤的麵糰底部，很快即會烤焦，因此下火的溫度必須調低一點，例如：p.60的「糖蜜餅乾」、p.63的「楓糖核桃脆餅」及p.69的「麥片脆餅」等；其他的注意事項請參考p.28的「正確的烘烤」。

糖油拌合法

可可餅乾

分量 約25片

材料 無鹽奶油 90 克　金砂糖（二砂糖）70 克　全蛋 50 克（約 1 個）

低筋麵粉 150 克　無糖可可粉 15 克　奶粉 30 克

水滴形巧克力（小顆粒）100 克

做法 以下的製作過程與說明，可供其他的「手工塑形餅乾」參考，屬於「糖油拌合法」。

製作奶油糊

1. 無鹽奶油秤好放在容器內於室溫下軟化，可同時將金砂糖加入容器內備用。

▶奶油軟化請參考p.12「做法1」及p.24「奶油要事先軟化」。

2. 用攪拌機攪打均勻，呈滑順感即可。

▶金砂糖混入奶油中，不需刻意攪打至金砂糖融化，因為下一個步驟仍有機會攪拌。

3. 全蛋攪散後分次加入做法2中，要以快速攪打均勻。

▶每次加入蛋液時，都要確實地融入奶油中，才能繼續加入蛋液，應避免加得太快而造成油水分離現象；慢慢加蛋液的同時，可持續攪打，不用刻意將機器停下來。

4. 繼續以快速攪打均勻，呈現光滑細緻且顏色稍微變淡的「奶油糊」。

▶有關「奶油糊」，請參考p.13「糖油拌合法」的做法4。

篩入粉料及加入配料

5. 將低筋麵粉、無糖可可粉及奶粉分別秤好後，放在同一容器中，再一起篩入奶油糊中。

▶可利用小篩網直接將麵粉、無糖可可粉及奶粉一起篩入奶油糊中，或事先將3種粉料一起過篩備用；過篩時，如有最後殘留在篩網上的粗顆粒，也必須用手搓一搓通過篩網，才不會造成粉料的損耗，而影響製作品質。

6. 用橡皮刮刀將粉料與奶油糊稍微拌合。

▶粉料與奶油糊混在一起即可，請參考p.14「糖油拌合法」的做法6。

7. 當粉料及奶油糊尚未成糰時，即可加入水滴形巧克力。

▶尚未成糰即加入水滴形巧克力，非常容易拌合均勻；請參考p.14「糖油拌合法」的做法7。

抓成麵糰

8. 用手將所有材料抓成均勻的「麵糰」。

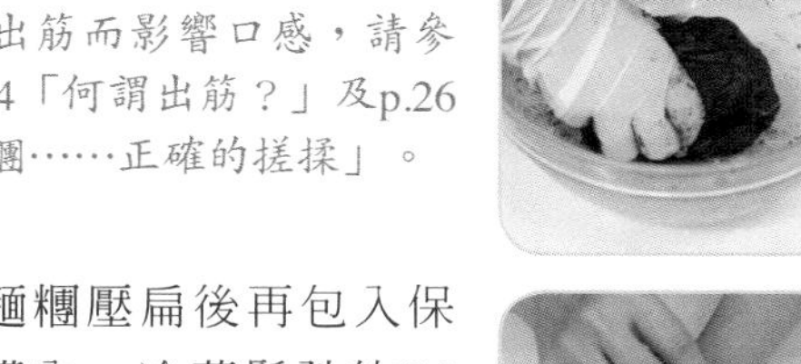

▶不要用力搓揉麵糰，以防止麵糰出筋而影響口感，請參考p.14「何謂出筋？」及p.26「麵糰……正確的搓揉」。

9. 將麵糰壓扁後再包入保鮮膜內，冷藏鬆弛約30分鐘左右。

▶將麵糰壓扁後再冷藏，可讓麵糰在較短時間內即可冰透，以達到鬆弛效果。

塑形

10. 秤取麵糰約20克，用手輕輕地搓成圓球狀。

▶搓麵糰時如有沾黏現象，雙手可沾上少許的麵粉。

11. 將圓球狀麵糰直接放在烤盤上，將食指、中指及無名指併攏，直接將麵糰壓平，成爲直徑約5公分左右的圓片狀。

▶麵糰壓平成圓片狀後，每個麵糰間必須留出約2公分的間距，以免烘烤後的成品黏在一起，請參考p.27「形狀的要求」。

烘烤

12. 烤箱預熱後，以上火170℃、下火130℃烘烤約25分鐘左右，熄火後繼續用餘溫燜10分鐘左右。

▶注意上色狀況，烤溫與時間要靈活運用，請參考p.28「正確的烘烤」及p.55的「烘烤的訣竅」。

提醒一下

- 麵糰是以「糖油拌合法」製作完成，請參考p.12的「流程」。
- 做法10：製作「手工塑形餅乾」時，最好以電子秤來秤取麵糰分量，可避免麵糰大小不一，影響成品的烘烤品質，請參考p.27「形狀的要求」。
- 水滴形巧克力屬於耐高溫型的巧克力，烘烤後亦不會融化，可隨個人的口感偏好增減用量。

油粉拌合法

可可球

分量 約15個

材料 A. 低筋麵粉 50 克　無糖可可粉 20 克　泡打粉 1/8 小匙　糖粉 30 克　無鹽奶油 15 克　藍姆酒 30 克

B. 裝飾：糖粉 30 克

做法 以下的製作過程與說明，可供其他的「手工塑形餅乾」參考，屬於「油粉拌合法」。

製作油粉糰

1. 將低筋麵粉、無糖可可粉、泡打粉及糖粉分別秤好後，放在同一容器中。

▶凡是屬性相同的粉末狀材料，都裝在同一個容器中。

2. 再用篩網將做法1的綜合粉料一起過篩至容器（料理盆）中。

▶過篩時，如有最後殘留在篩網上的粗顆粒，也必須用手搓一搓通過篩網，才不會造成粉料的損耗，而影響製作品質。

3. 將無鹽奶油切成小塊。

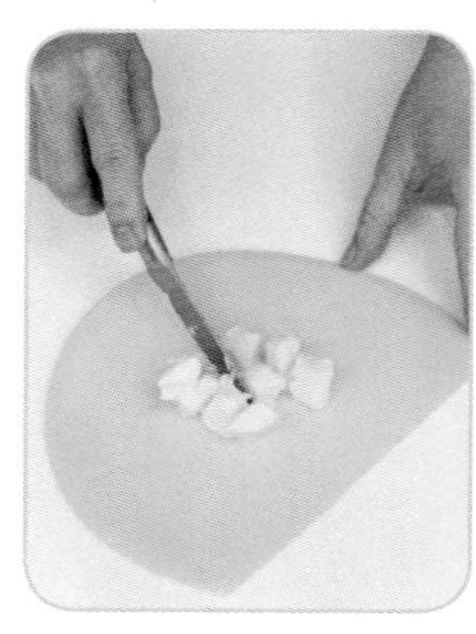

▶奶油不需要事先回溫軟化。

4. 將奶油塊倒入做法2的粉料中。

▶如使用液體油脂，也是直接倒入粉料中。

5. 用雙手輕輕地將奶油與麵粉搓揉成均匀的鬆散狀。

▶此時只是將油、粉黏合在一起，成大小不一的細小顆粒，不要刻意搓揉成糰；請參考p.16「油粉拌合法」的做法3。

加入濕性材料

6. 將蘭姆酒倒入做法5的鬆散材料中。

▶如材料中還有其他配料，也是在這個步驟加入。

抓成麵糰

7. 用手將所有材料抓成均匀的「麵糰」。

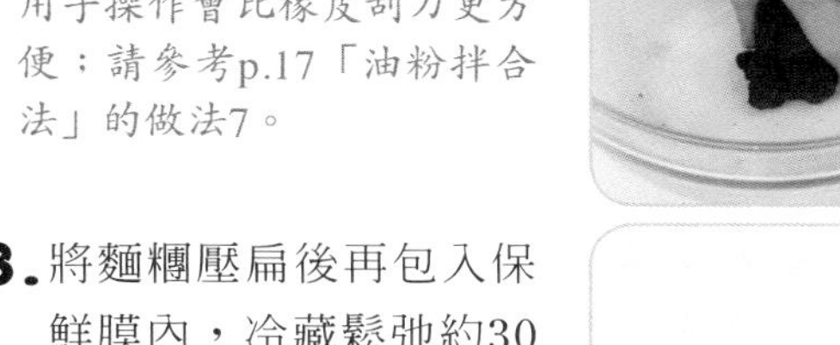

▶因為濕性材料的比例不高，麵糰的質地較乾爽，因此用手操作會比橡皮刮刀更方便；請參考p.17「油粉拌合法」的做法7。

8. 將麵糰壓扁後再包入保鮮膜內，冷藏鬆弛約30分鐘左右。

▶將麵糰壓扁後再冷藏，可讓麵糰在較短時間內即可冰透，以達到鬆弛的目的。

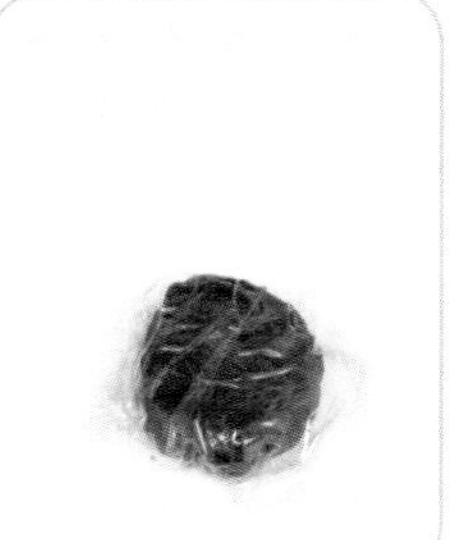

塑形

9. 秤取麵糰約10克，用手搓成圓球狀，再以小篩網沾裹上均勻的糖粉。

▶揉麵糰時如有沾黏現象，雙手可沾上少許的麵粉；揉成圓球狀後再沾裹糖粉是為了裝飾效果，並非為了防止麵糰沾黏所做的動作。

烘烤

10. 將圓球狀麵糰直接放在烤盤上，每個之間必須留出約2公分的間距，以免烘烤後的成品黏在一起。

▶請參考p.28「正確的烘烤」。

11. 烤箱預熱後，以上火170℃、下火120℃烘烤約25~30分鐘左右，熄火後繼續用餘溫燜15~20分鐘左右。

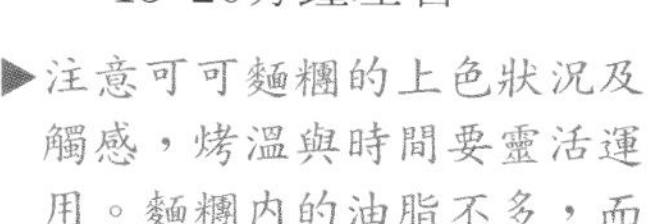

▶注意可可麵糰的上色狀況及觸感，烤溫與時間要靈活運用。麵糰內的油脂不多，而液體材料（蘭姆酒）比例較高，加上麵糰塑成圓球狀，因此必須長時間慢慢烘烤，成品才具有脆脆的口感；請參考p.28「正確的烘烤」及p.55的「烘烤的訣竅」。

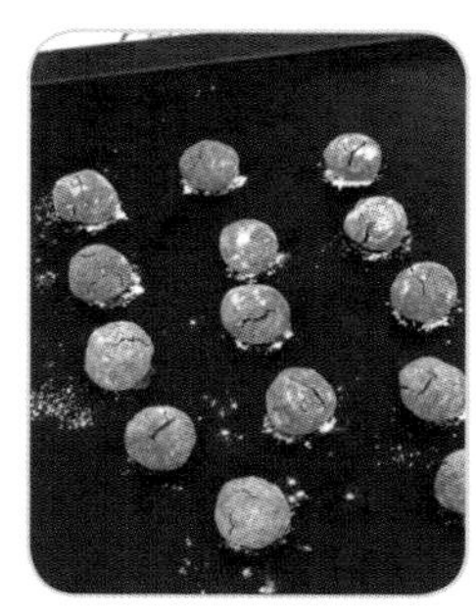

提醒一下

➤ 麵糰是以「油粉拌合法」製作完成，請參考p.16的「流程」。

➤ 做法9：用手搓成圓球狀即可，不需刻意揉得很光滑；成品表面有裂紋是正常現象。

- 麵糰是以「糖油拌合法」製作完成，請參考p.12的「流程」。
- 做法1~8：請參考p.56「可可餅乾」的製作過程與說明。
- 做法7：在麵糰表面刷上均勻的蛋白，再黏上杏仁片較不易脫落。
- 做法8：麵糰內含糖蜜（或蜂蜜），烘烤受熱後即易上色，因此必須特別留意下火溫度，儘量將烤溫調低些；如無法取得糖蜜，可用蜂蜜或楓糖代替。
- 做法8：請參考p.28「正確的烘烤」。

糖油拌合法

糖蜜餅乾

分量 約20片

材料 無鹽奶油 85 克　細砂糖 60 克　全蛋 25 克　糖蜜（Molasses）25 克
低筋麵粉 200 克　杏仁粉 15 克　蛋白 1 大匙　杏仁片適量

做法

1. 無鹽奶油秤好放在室溫下軟化後，加入細砂糖，用攪拌機攪打均勻，呈滑順感即可。
2. 將全蛋攪散後分次加入做法1中（圖1），繼續以快速攪打成均勻的「奶油糊」。
3. 再將糖蜜一次加入做法2中（圖2），繼續以快速攪打成均勻的「糖蜜奶油糊」（圖3）。
4. 將低筋麵粉篩入糖蜜奶油糊中，接著加入杏仁粉，用橡皮刮刀以不規則的方向拌成均勻的「麵糰」。
5. 將麵糰壓扁後再包入保鮮膜內，冷藏鬆弛約30分鐘左右。
6. 秤取麵糰約20克，用手輕輕地搓成圓球狀，直接放在烤盤上，將食指、中指及無名指併攏，直接將麵糰壓平，成為直徑約5公分左右的圓片狀。
7. 將蛋白攪散後，用刷子沾取蛋白，均勻地刷在麵糰表面，再黏上一片杏仁片做裝飾（圖4）。
8. 烤箱預熱後，以上火170℃、下火130℃烘烤約25分鐘左右，熄火後繼續用餘溫燜10分鐘左右。

油粉拌合法

橄欖油起士餅乾

分量 約32條

材料 低筋麵粉 150 克 糖粉 50 克 帕米善起士粉（Parmesan）20 克 鹽 1/4 小匙 黑胡椒粉 1/4 小匙

橄欖油 60 克 鮮奶 35 克

做法

1. 將低筋麵粉及糖粉一起過篩至容器（料理盆）中。
2. 將橄欖油及鮮奶加入做法1的混合粉料中（圖1），用橡皮刮刀稍微拌合（圖2），即可加入帕米善起士粉、鹽及黑胡椒粉（圖3），繼續用橡皮刮刀稍微拌合，接著手抓成均勻的「麵糰」。
3. 將麵糰壓扁後再包入保鮮膜內，冷藏鬆弛約30分鐘左右。
4. 秤取麵糰約10克，用手搓成約7公分的長條狀，直接鋪排在烤盤上（圖4）。
5. 烤箱預熱後，以上火160℃、下火120℃烘烤約25分鐘左右，熄火後繼續用餘溫燜15分鐘左右。

提醒一下

- 麵糰是以「油粉拌合法」製作完成，請參考p.16的「流程」。
- 做法1~5：請參考p.58「可可球」的製作過程與說明。
- 做法4：要搓成長條狀時，可先用手輕輕地將麵糰稍微捏長，再用雙手將麵糰搓成長條狀，或放在桌面上輕輕地滾動亦可。
- 做法5：請參考p.28「正確的烘烤」。

油粉拌合法

檸檬圈餅

約15個 分量

材料 A. **檸檬糖漿**：檸檬 1 個　柳橙汁 25 克　細砂糖 60 克
B. 低筋麵粉 150 克　無鹽奶油 50 克

提醒一下

- 麵糰是以「油粉拌合法」製作完成，請參考p.16的「流程」。
- 做法1：將檸檬皮刨成細屑，是指檸檬的綠色表皮部分，不可刮到白色筋膜，以免苦澀；分量可依個人的喜好增減。
- 做法2~7：請參考p.58「可可球」的製作過程與說明。
- 需用低溫慢烤才可突顯風味。
- 做法7：請參考p.28「正確的烘烤」。

做法

1. **檸檬糖漿**：檸檬洗淨後，將表皮刨成細屑（圖1），加柳橙汁及細砂糖，用小火邊煮邊攪至細砂糖融化且稍微沸騰即可（圖2），放涼備用（煮後的檸檬糖漿約80克）（圖3）。
2. 將低筋麵粉篩至容器（料理盆）中。
3. 將無鹽奶油切成小塊後，加入做法2的粉料中，用雙手搓揉成均勻的鬆散狀（圖4）。
4. 將檸檬糖漿加入做法3的粉料中，先用橡皮刮刀稍微拌合（圖5），再用手抓成均勻的「麵糰」。
5. 將麵糰壓扁後再包入保鮮膜內，冷藏鬆弛約30分鐘左右。
6. 秤取麵糰約15克，用手搓成約13公分的長條狀，再做成圈型，直接鋪排在烤盤上，再用小叉子在麵糰表面扎些小洞（圖6）。
7. 烤箱預熱後，以上火170℃、下火120℃烘烤約25分鐘左右，熄火後繼續用餘溫燜10~15分鐘左右。

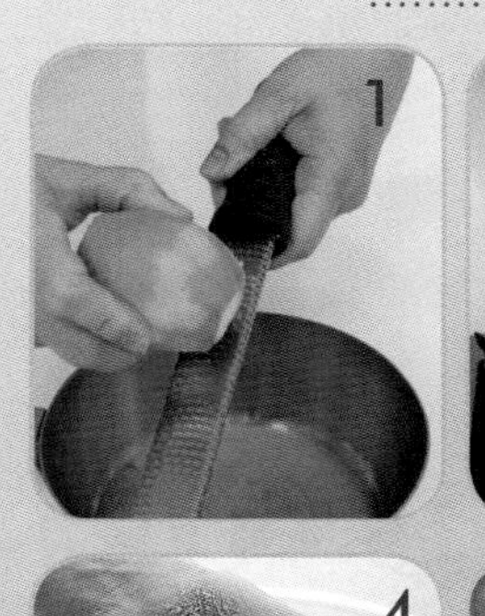
1

2

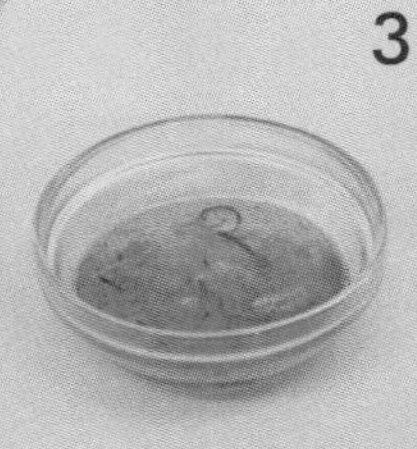
3

4

5

6

油粉拌合法

楓糖核桃脆餅

約15片 分量

材料 核桃 50 克、低筋麵粉 150 克、糖粉 30 克、無鹽奶油 60 克、楓糖 50 克、楓糖 1 大匙（刷麵糰用）

做法

1. 烤箱預熱後，先將核桃以上、下火各150℃烘烤約10分鐘左右，放涼後用料理機攪打成細末狀。
2. 將低筋麵粉及糖粉一起過篩至容器（料理盆）中。
3. 將無鹽奶油切成小塊後，再加入做法2的粉料中，用雙手搓揉成鬆散狀。
4. 將楓糖加入做法3中，先用橡皮刮刀稍微拌合（圖1），接著加入核桃細末（圖2）。
5. 用手將所有材料抓成均勻的「麵糰」（圖3）。
6. 秤取麵糰約20克，用雙手搓成圓球狀，直接放在烤盤上，壓平成為直徑約5公分左右的圓片狀。
7. 再用叉子在麵糰表面劃出交叉線條（圖4），接著再用刷子沾些楓糖，均勻地刷在麵糰表面（圖5）。
8. 烤箱預熱後，以上火170℃、下火100℃烘烤約25分鐘左右，熄火後繼續用餘溫燜10~15分鐘左右。

1

2

3

4

提醒一下

- 麵糰是以「油粉拌合法」製作完成，請參考p.16的「流程」。
- 做法1：核桃在絞碎前，用烤箱稍微烤一下，只是將水氣烤乾，尚未烤熟，注意勿烘烤過度。
- 做法2~6：請參考p.58「可可球」的製作過程與說明。
- 做法8：請參考p.28「正確的烘烤」。

糖油拌合法

酒漬櫻桃夾心酥

約12片 分量

材料 酒漬櫻桃 12 顆 ｜ 無鹽奶油 70 克　糖粉 50 克　香草精 1/4 小匙　蛋白 15 克 ｜ 低筋麵粉 100 克　泡打粉 1/8 小匙　杏仁粉 20 克

做法

1. 酒漬櫻桃瀝乾水分備用。
2. 無鹽奶油秤好放在室溫下軟化後，加入糖粉及香草精，先用橡皮刮刀攪拌均勻，再用攪拌機攪打均勻。
3. 將蛋白加入做法2中，繼續以快速攪打成均勻的「奶油糊」。
4. 將低筋麵粉及泡打粉一起篩入做法3的奶油糊中，接著加入杏仁粉，用橡皮刮刀以不規則的方向拌成均勻的「麵糰」。
5. 將麵糰壓扁後再包入保鮮膜內，冷藏鬆弛約30分鐘左右。
6. 秤取麵糰約20克，用手搓成圓球狀後再做成凹狀（圖1），再填入1顆酒漬櫻桃，並將麵糰輕輕地收口黏合（圖2），直接放在烤盤上再輕輕地壓平。
7. 烤箱預熱後，以上火170℃、下火130℃烘烤約25分鐘左右，熄火後繼續用餘溫燜5~10分鐘左右。

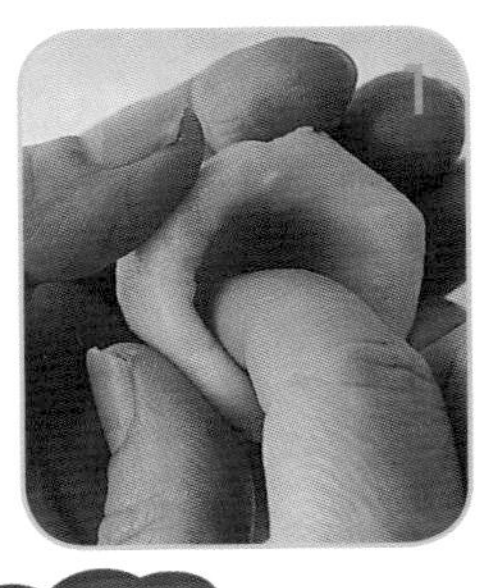
1

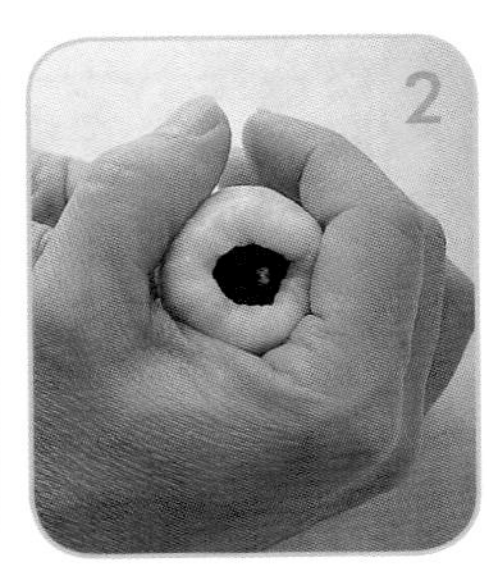
2

提醒一下

- 麵糰是以「糖油拌合法」製作完成，請參考p.12的「流程」。
- 做法2~7：請參考p.56「可可餅乾」的製作過程與說明。
- 做法6：填入酒漬櫻桃時，最好再用廚房紙巾將水分擦乾；如無法取得酒漬櫻桃，可用浸泡過蘭姆酒的葡萄乾代替。
- 做法7：請參考p.28「正確的烘烤」。

提醒一下

- 麵糰是以「油粉拌合法」製作完成，請參考p.16的「流程」。
- 做法1~6：請參考p.58「可可球」的製作過程與說明。
- 做法6：請參考p.28「正確的烘烤」。

油粉拌合法

義大利香料鹹味餅乾

約14個 分量

材料 低筋麵粉 100 克　糖粉 30 克　全麥麵粉 50 克　鹽 1/4 小匙　無鹽奶油 80 克　義大利香料 2 小匙（約 3 克）　鮮奶 25 克

做法

1. 低筋麵粉及糖粉一起過篩至容器（料理盆）中，再加入全麥麵粉及鹽。
2. 將無鹽奶油切成小塊後放入做法1的粉料中，用雙手混合搓揉成均勻的鬆散狀（圖1）。
3. 將義大利香料加入做法2中（圖2），先用橡皮刮刀稍微拌合（圖3），接著加入鮮奶（圖4），繼續用手抓成均勻的「麵糰」。
4. 將麵糰壓扁後再包入保鮮膜內，冷藏鬆弛約30分鐘左右。
5. 秤取麵糰約20克，用手搓成圓球狀後，直接放在烤盤上，壓平成爲直徑約5公分左右的圓片狀。
6. 烤箱預熱後，以上火170℃、下火150℃烘烤約25~30分鐘左右，熄火後繼續用餘溫燜5~10分鐘左右。

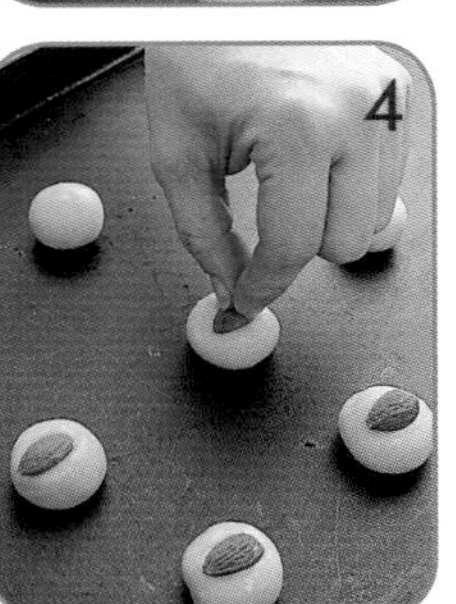

糖油拌合法

杏仁豆小西餅

約24個 分量

材料 無鹽奶油70克 糖粉35克 鹽1/8小匙 香草精1/4小匙 蛋黃15克（約1個）
低筋麵粉120克 奶粉20克 蛋白15克 杏仁豆24粒

做法

1. 無鹽奶油秤好放在室溫下軟化後，加入糖粉、鹽及香草精，先用橡皮刮刀稍微攪拌混合，再用攪拌機攪打均勻（圖1）。
2. 將蛋黃加入做法1中，繼續以快速攪打成均勻的「奶油糊」（圖2）。
3. 將低筋麵粉及奶粉一起篩入奶油糊中，用橡皮刮刀以不規則的方向拌成均勻的「麵糰」。
4. 將麵糰壓扁後再包入保鮮膜內，冷藏鬆弛約30分鐘左右。
5. 秤取麵糰約10克，用手揉成圓球狀後，直接放在烤盤上，並刷上均勻的蛋白（圖3），再黏上一粒杏仁豆（圖4），最後在杏仁豆表面再刷上薄薄一層蛋白。
6. 烤箱預熱後，以上火170℃、下火120℃烘烤約25分鐘左右，熄火後繼續用餘溫燜20分鐘左右。

提醒一下

- 麵糰是以「糖油拌合法」製作完成，請參考p.12的「流程」。
- 做法1~6：請參考p.56「可可餅乾」的製作過程與說明。
- 做法5：麵糰上黏好杏仁豆後，再刷一次蛋白液，可讓成品更具光澤度；杏仁豆也可用其他堅果代替，都不需事先烤熟。
- 做法6：請參考p.28「正確的烘烤」。

糖油拌合法

肉桂糖餅乾

分量 約23片

材料 粗砂糖 30 克 肉桂粉 1 小匙 無鹽奶油 80 克 糖粉 70 克 全蛋 50 克（約 1 個）
低筋麵粉 200 克 杏仁粉 25 克

做法

1. 粗砂糖加肉桂粉混合均勻成爲**肉桂砂糖**備用（圖1）。
2. 無鹽奶油秤好放在室溫下軟化後，加入糖粉，先用橡皮刮刀稍微攪拌混合，再用攪拌機攪打均勻。
3. 將全蛋攪散後分次加入做法2中（圖2），繼續以快速攪打成均勻的「奶油糊」。
4. 將低筋麵粉篩入奶油糊中，接著加入杏仁粉及做法1的肉桂砂糖（圖3），用手抓成均勻的「麵糰」。
5. 將麵糰壓扁後再包入保鮮膜內，冷藏鬆弛約30分鐘左右。
6. 秤取麵糰約20克，用手搓成圓球狀，直接放在烤盤上，壓平成爲直徑約5公分左右的圓片狀（圖4）。
7. 烤箱預熱後，以上火170℃、下火130℃烘烤約25~30分鐘左右，熄火後繼續用餘溫燜5~10分鐘左右。

提醒一下

- 麵糰是以「糖油拌合法」製作完成，請參考p.12的「流程」。
- 做法2~7：請參考p.56「可可餅乾」的製作過程與說明。
- 咀嚼時有明顯的顆粒口感，是這道餅乾的特色。
- 可依個人的口味偏好，增減肉桂粉的分量。
- 做法7：請參考p.28「正確的烘烤」。

約34個

糖油拌合法

丁香杏仁片雪球

材料 杏仁片 **50** 克　無鹽奶油 **90** 克　糖粉 **50** 克
低筋麵粉 **150** 克　丁香粉 **1/2** 小匙

做法

1. 烤箱預熱後，先將杏仁片以上、下火各150℃烘烤約10分鐘左右，放涼切碎備用。
2. 無鹽奶油秤好放在室溫下軟化後，加入糖粉，先用橡皮刮刀稍微攪拌混合，再用攪拌機攪打成均勻的「奶油糊」。
3. 將低筋麵粉及丁香粉一起篩入奶油糊中，用橡皮刮刀稍微拌合後，即可加入杏仁碎片，用手抓成均勻的「麵糰」。
4. 秤取麵糰約10克，用手搓成圓球狀，直接放在烤盤上。
5. 烤箱預熱後，以上火170℃、下火130℃烘烤約25 ~30分鐘左右，熄火後繼續用餘溫燜5~10分鐘左右。

提醒一下

- 麵糰是以「糖油拌合法」製作完成，請參考p.12的「流程」。
- 做法2~5：請參考p.56「可可餅乾」的製作過程與說明。
- 可依個人喜好，用其他的香料代替丁香粉。
- 杏仁片盡量切碎，塑形時才不易裂開。
- 做法5：請參考p.28「正確的烘烤」。

液體拌合法

麥片脆餅

分量 約12片

材料 金砂糖（二砂糖）50克 無鹽奶油50克 即食燕麥片50克 蛋黃15克（約1個） 低筋麵粉60克 糖粉25克

做法

1. 金砂糖加無鹽奶油用隔水加熱方式將奶油攪拌至融化，熄火後接著加入即食燕麥片（圖1），繼續用橡皮刮刀拌勻。
2. 將蛋黃加入做法1中，繼續用橡皮刮刀拌勻（圖2）。
3. 將低筋麵粉及糖粉一起篩入做法2中，用橡皮刮刀以不規則方向拌成均勻的「麵糰」。
4. 將麵糰壓扁後再包入保鮮膜內，冷藏鬆弛約30分鐘左右（圖3）。
5. 秤取麵糰約20克，用手搓成圓球狀，直接放在烤盤上，用手掌壓扁成爲直徑約7~8公分左右的圓薄片（圖4）。
6. 烤箱預熱後，以上火170℃、下火100℃烘烤約25分鐘左右，熄火後繼續用餘溫燜10~15分鐘左右。

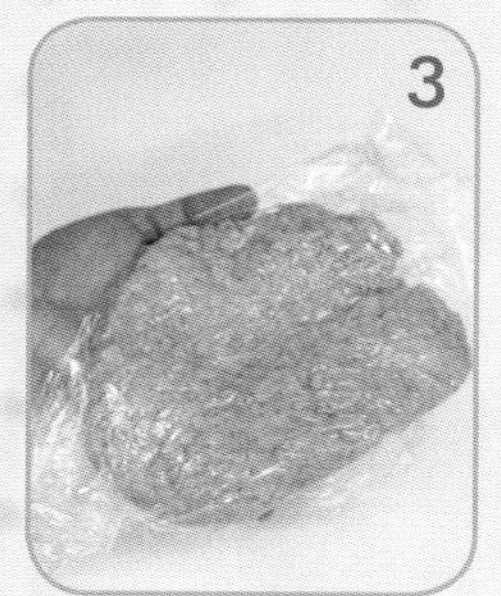

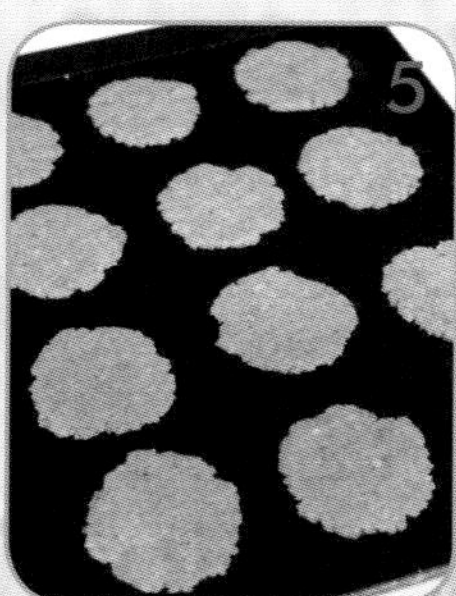

提醒一下

- 麵糰是以「液體拌合法」製作完成，材料中的奶油並未攪打成鬆發狀，因此成品的口感特別脆，請參考p.20「液體拌合法」。
- 做法1：只將無鹽奶油融化，而金砂糖尚未融化時，即可熄火加入即食燕麥片。
- 做法5：用手掌將麵糰壓扁成薄片狀，成品的口感特別脆，與第六單元的薄片餅乾有異曲同工之妙；壓扁後的麵糰，四周呈鋸齒狀是正常現象（圖5）。
- 做法6：請參考p.28「正確的烘烤」。

1

2

3

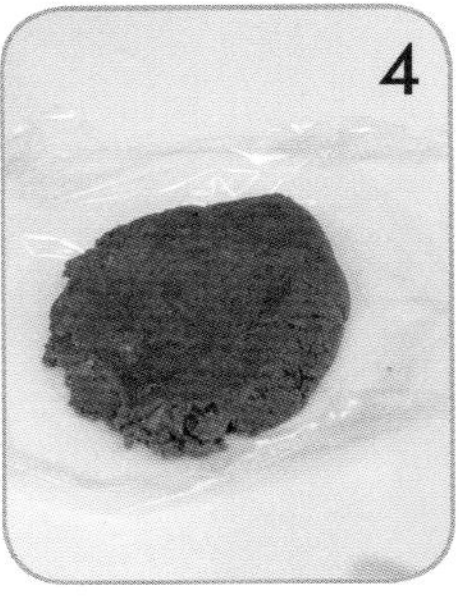

4

糖油拌合法

摩卡餅乾

約15片

材料 即溶咖啡粉 5 克　無糖可可粉 5 克　熱水 15 克　無鹽奶油 80 克　金砂糖（二砂糖）65 克　低筋麵粉 100 克　奶粉 25 克　杏仁粉 25 克

做法

1. 即溶咖啡粉及無糖可可粉放在同一容器中，加熱水調勻，成「咖啡可可糊」備用（圖1）。
2. 無鹽奶油秤好放在室溫下軟化後，加入金砂糖用攪拌機攪拌均勻。
3. 將做法1的咖啡可可糊加入做法2中（圖2），繼續以快速攪打成均勻的「咖啡奶油糊」。
4. 將低筋麵粉及奶粉一起篩入咖啡奶油糊中，接著加入杏仁粉，用橡皮刮刀以不規則的方向拌成均勻的「麵糰」（圖3）。
5. 將麵糰壓扁後再包入保鮮膜內，冷藏鬆弛約30分鐘左右（圖4）。
6. 秤取麵糰約20克，用手輕輕地搓成圓球狀，直接放在烤盤上，壓平成爲直徑約5公分左右的圓片狀。
7. 烤箱預熱後，以上火170℃、下火130℃烘烤約25 ~30分鐘左右，熄火後繼續用餘溫燜5~10分鐘左右。

- 麵糰是以「糖油拌合法」製作完成，請參考p.12的「流程」。
- 材料中含咖啡粉及可可粉，因此成品口感略帶苦味，用量可依個人喜好作增減。
- 做法2~7：請參考p.56「可可餅乾」的製作過程與說明。
- 做法7：請參考p.28「正確的烘烤」。

糖油拌合法

蜂蜜麻花捲

約36個 分量

材料 無鹽奶油 25 克 糖粉 10 克 蜂蜜 25 克 蛋黃 15 克（約 1 個），低筋麵粉 100 克 奶粉 10 克，蛋白 20 克（刷麵糰用）

- 麵糰是以「糖油拌合法」製作完成，請參考p.12的「流程」。
- 做法1~3：請參考p.56「可可餅乾」的製作過程與說明。
- 麵糰不需鬆弛，可直接塑形；麻花卷的大小，可依個人喜好改變。
- 做法4：麵糰分割只有5克，分量極小，成品很容易烤熟，應避免烘烤過度；材料內含有蜂蜜，麵糰烘烤後很容易上色，因此下火必須調低。

做法

1. 無鹽奶油秤好放在室溫下軟化後，加入糖粉及蜂蜜，先用橡皮刮刀稍微攪拌混合（圖1），再用攪拌機攪打均勻。
2. 將蛋黃加入做法1中，繼續以快速攪打成均勻的「奶油糊」（圖2）。
3. 將低筋麵粉及奶粉一起篩入奶油糊中，用橡皮刮刀以不規則的方向拌成均勻的「麵糰」。
4. 秤取麵糰約5克，用手搓成約10公分的長條狀，再捲成麻花狀（圖3），放在烤盤上，接著刷上均勻的蛋白（圖4）。
5. 烤箱預熱後，先以上火170℃、下火100℃烘烤約15分鐘左右，熄火後繼續用餘溫燜約5~10分鐘左右。

1

2

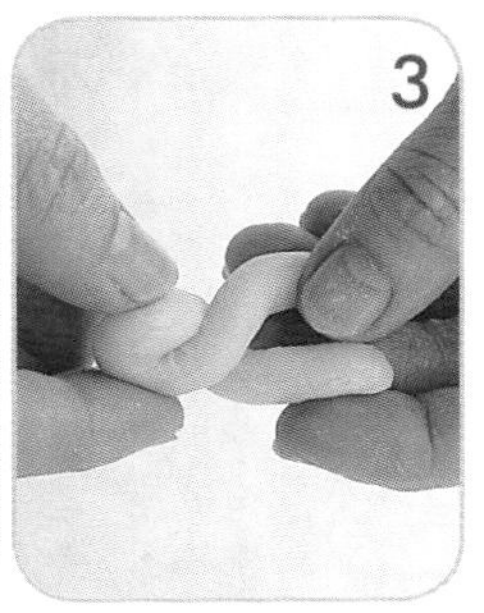
3

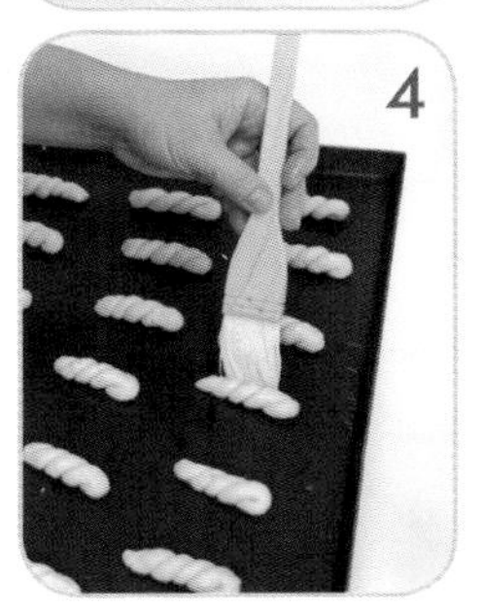
4

提醒一下

- 麵糰是以「糖油拌合法」製作完成，請參考p.12的「流程」。
- 做法2~8：請參考p.56「可可餅乾」的製作過程與說明。
- 杏仁片盡量切碎，塑形時才不易裂開。
- 內餡可依個人喜好或取得的方便性，更換不同口味的果醬。
- 做法8：請參考p.28「正確的烘烤」。

糖油拌合法

香橙果醬酥餅

分量 約20片

材料 杏仁片 50克　無鹽奶油 80克　糖粉 35克　蛋黃 15克（約1個）　柳橙 1個
低筋麵粉 120克　泡打粉 1/4小匙　蛋白 15克

內餡：柳橙果醬 10克

做法

1. 烤箱預熱後，先將杏仁片以上、下火各150℃烘烤10分鐘左右，放涼切碎備用。
2. 無鹽奶油秤好放在室溫下軟化後，加入糖粉，先用橡皮刮刀稍微攪拌混合，再用攪拌機攪打均匀。
3. 加入蛋黃後，接著刨入柳橙皮屑，繼續以快速攪打成均勻的「奶油糊」。
4. 將低筋麵粉及泡打粉一起篩入奶油糊中，用橡皮刮刀稍微拌合，即可加入碎杏仁片，繼續用手抓成均勻的「麵糰」。
5. 將麵糰壓扁後再包入保鮮膜內，冷藏鬆弛約30分鐘左右。
6. 秤取麵糰約15克，用手輕輕地搓成圓球狀，直接放在烤盤上，用手在中心處壓成凹狀（圖1），並刷上均勻的蛋白。
7. 用小湯匙舀適量的柳橙果醬，填在麵糰凹處（圖2）。
8. 烤箱預熱後，以上火170℃、下火130℃烘烤約25分鐘左右，熄火後繼續用餘溫燜10分鐘左右。

油粉拌合法

核桃酥

材料 低筋麵粉 150 克 糖粉 55 克 鹽 1/4 小匙 無鹽奶油 80 克 全蛋 25 克 生的核桃 35 克

裝飾：全蛋 1 個（刷麵糰用）

做法

1. 烤箱預熱後，先將約100克的低筋麵粉以上、下火各160℃烘烤約20分鐘左右，放涼備用。
2. 將低筋麵粉（做法1的低筋麵粉及剩餘的50克低筋麵粉）及糖粉一起過篩至容器（料理盆）中，接著將鹽加入。
3. 將無鹽奶油切成小塊後，加入做法2的粉料中（圖1），用雙手搓揉成均勻的鬆散狀（圖2）。
4. 將全蛋倒入做法3中，繼續用手抓成均勻的「麵糰」。
5. 將麵糰壓扁後再包入保鮮膜內，放在冷藏室鬆弛約30分鐘左右。
6. 秤取麵糰約25克，用手搓成圓球狀後，直接放在烤盤上。
7. 將食指、中指及無名指併攏，將麵糰壓平成直徑約5.5公分左右的圓片狀，並刷上均勻的全蛋液（需攪散）（圖3），再黏上1/2粒的核桃（圖4）。
8. 烤箱預熱後，以上火170℃、下火150℃烘烤約25~30分鐘左右，熄火後繼續用餘溫燜5~10分鐘左右。

提醒一下

- 麵糰是以「油粉拌合法」製作完成，請參考p.16的「流程」。
- 做法1：事先將低筋麵粉烘烤至熟，筋性減弱後，可使成品更加酥鬆。
- 做法2~7：請參考p.58「可可球」的製作過程與說明。
- 做法8：請參考p.28「正確的烘烤」。

糖油拌合法

雙色圈餅

約25片 分量

材料 無鹽奶油 60 克　糖粉 60 克　鮮奶 30 克
低筋麵粉 150 克　奶粉 15 克　玉米粉 1/2 小匙　抹茶粉 1/2 小匙　無糖可可粉 1/2 小匙

做法

1. 無鹽奶油秤好放在室溫下軟化後，加入糖粉，先用橡皮刮刀稍微攪拌混合，再用攪拌機攪打均勻。
2. 將鮮奶秤好放在室溫下回溫後，分次加入做法1中，繼續以快速攪打成均勻的「奶油糊」。
3. 將低筋麵粉及奶粉一起篩入奶油糊中，用橡皮刮刀以不規則的方向拌成均勻的「麵糰」。
4. 將麵糰分成2等分，將其中一份分割成2等分（即成1份大的麵糰及2份小的麵糰），將較大的麵糰加入玉米粉搓揉均勻，將2份小的麵糰分別加入抹茶粉及無糖可可粉搓揉均勻，即成3種顏色（原色、抹茶色及可可色）的麵糰。
5. 將3種麵糰各取約5克，分別用手搓成約6公分的長條狀。
6. 將兩色（原色及抹茶色、原色及可可色）長條麵糰合併（圖1），雙手以相反方向慢慢地捲起（圖2），接著放在桌面上輕輕地向前推成長約12公分的長條狀（圖3），再將兩端黏緊成圈狀（圖4），接著放在烤盤上。
7. 烤箱預熱後，以上火150℃、下火100℃烘烤約20分鐘左右，熄火後繼續用餘溫燜10~15分鐘左右。

提醒一下

- 麵糰是以「糖油拌合法」製作完成，請參考p.12的「流程」。
- 做法1~3：請參考p.56「可可餅乾」的製作過程與說明。
- 兩色麵糰合併捲起時，如稍有斷裂現象時，放在桌面上往前輕輕滾動後即會黏合。
- 以低溫慢烤方式烘烤成品，才可保持原色外觀。
- 做法7：請參考p.28「正確的烘烤」。

1

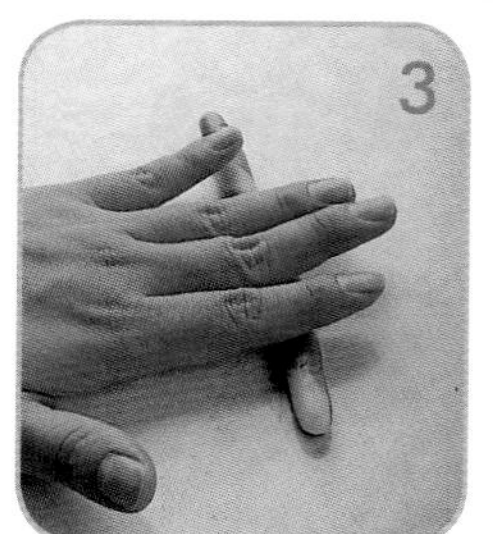
3

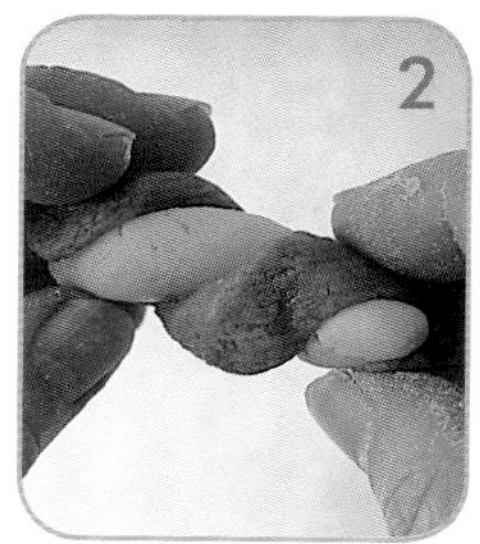
2

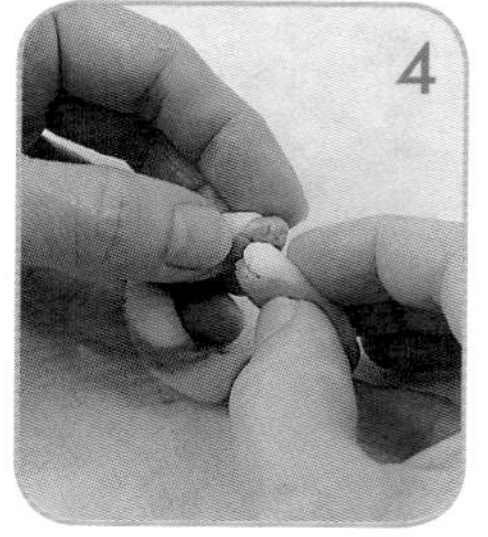
4

糖油拌合法

蘭姆葡萄酥

約27個 分量

材料 葡萄乾30克 蘭姆酒15克 無鹽奶油70克 糖粉30克 低筋麵粉120克 杏仁粉10克

做法

1. 葡萄乾切碎後，加蘭姆酒浸泡約30分鐘以上，成爲**蘭姆葡萄乾**備用（圖1）。
2. 無鹽奶油秤好放在室溫下軟化後，加入糖粉，先用橡皮刮刀稍微攪拌混合，再用攪拌機快速攪打成均勻的「奶油糊」。
3. 將低筋麵粉篩入奶油糊中，接著加入杏仁粉，用橡皮刮刀稍微拌合（圖2），即可加入做法1的蘭姆葡萄乾（圖3），用橡皮刮刀以不規則的方向攪拌成均勻的「麵糰」。
4. 將麵糰壓扁後再包入保鮮膜內，冷藏鬆弛約30分鐘左右。
5. 秤取麵糰約10克，用手搓成圓球狀，直接放在烤盤上（圖4）。
6. 烤箱預熱後，以上火170℃、下火120℃烘烤約25分鐘左右，熄火後繼續用餘溫燜10~15分鐘左右。

提醒一下

- 麵糰是以「糖油拌合法」製作完成，請參考p.12的「流程」。
- 做法2~6：請參考p.56「可可餅乾」的製作過程與說明。
- 做法6：請參考p.28「正確的烘烤」。

1

2

3

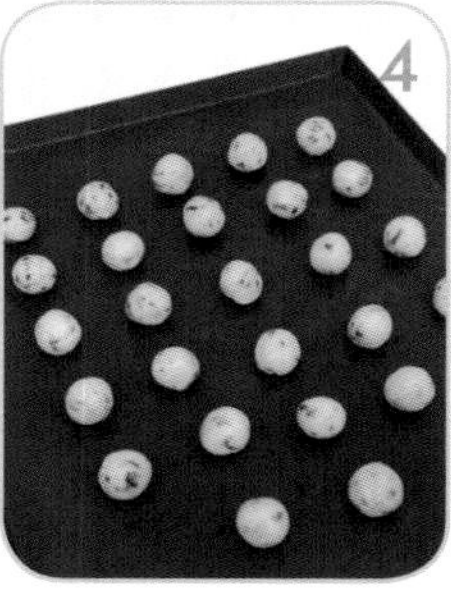

4

糖油拌合法

早餐餅乾

分量 約12片

材料 無鹽奶油80克　細砂糖50克　鹽1/8小匙　全蛋50克（約1個）
低筋麵粉150克　全麥麵粉50克　小麥胚芽30克　穀麥脆片（香果圈）50克

做法

1. 無鹽奶油秤好放在室溫下軟化後，加入細砂糖及鹽用攪拌機攪打均勻。
2. 將全蛋攪散後分次加入做法1中，繼續以快速攪打成均勻的「奶油糊」。
3. 將低筋麵粉篩入奶油糊中，接著加入全麥麵粉及小麥胚芽（圖1），用橡皮刮刀稍微拌合後，即可加入穀麥脆片（香果圈），用手抓成均勻的「麵糰」（圖2）。
4. 將小圓框烤模（直徑約5.5公分、高約1.5公分）內抹上薄薄一層奶油，放在烤盤上備用，秤取麵糰約30克，填入烤模內（圖3），用手輕輕地將表面壓平，接著將小圓框烤模輕輕地取下來（圖4），再繼續將剩餘的麵糰套框塑形。
5. 烤箱預熱後，以上火170℃、下火130℃烘烤約25~30分鐘左右，熄火後繼續用餘溫燜10~15分鐘左右。

提醒一下

- 麵糰是以「糖油拌合法」製作完成，請參考p.12的「流程」。
- 材料中的穀麥脆片（香果圈），即市售食品，常做為與鮮奶混合的早餐食物，在一般超市即有販售。
- 做法4：麵糰不需冷藏鬆弛即可製作；麵糰連同小圓框烤模入烤箱內烘烤（圖5），成品更加工整。
- 做法5：請參考p.28「正確的烘烤」。

油粉拌合法

糖蜜小脆球

分量 約25個

材料 低筋麵粉 120 克　糖粉 10 克　杏仁粉 15 克

無鹽奶油 50 克　糖蜜 35 克　蛋黃 15 克（約 1 個）　蛋白 15 克　生的白芝麻 10 克

做法

1. 低筋麵粉、糖粉及杏仁粉一起過篩至容器（料理盆）中。
2. 將無鹽奶油切成小塊後，倒入做法1的粉料中，用雙手搓揉成均勻的鬆散狀。
3. 將糖蜜及蛋黃加入做法2中（圖1），先用橡皮刮刀稍微拌合（圖2），再用手抓成均勻且光滑的「麵糰」。
4. 秤取麵糰約10克，用手搓成圓球狀後，刷上薄薄的一層蛋白，再沾裹上均勻的白芝麻（圖3），直接放在烤盤上。
5. 烤箱預熱後，以上火170℃、下火120℃烘烤約25分鐘左右，熄火後繼續用餘溫燜10~15分鐘左右。

提醒一下

- 麵糰是以「油粉拌合法」製作完成，請參考p.16的「流程」。
- 做法1~4：請參考p.58「可可球」的製作過程與說明。
- 做法5：請參考p.28「正確的烘烤」。

1

2

3

糖油拌合法

椰子奶油球

約17個

分量

參見DVD示範

材料 無鹽奶油 75 克　糖粉 50 克　香草精 1/4 小匙
低筋麵粉 100 克　玉米粉 10 克　椰子粉 20 克

做法

1. 無鹽奶油秤好放在室溫下軟化後，加入糖粉及香草精，先用橡皮刮刀稍微攪拌混合，再用攪拌機攪打成均勻的「奶油糊」。
2. 將低筋麵粉及玉米粉一起篩入奶油糊中，用橡皮刮刀稍微拌合後，即可加入椰子粉，用手抓成均勻的「麵糰」。
3. 將麵糰壓扁後再包入保鮮膜內，冷藏鬆弛約30分鐘左右。
4. 秤取麵糰約15克，用手搓成圓球狀，直接放在烤盤上。
5. 烤箱預熱後，以上火170℃、下火130℃烘烤約25分鐘左右，熄火後繼續用餘溫燜5~10分鐘左右。

提醒一下

- 麵糰是以「糖油拌合法」製作完成，請參考p.12的「流程」。
- 做法1~5：請參考p.56「可可餅乾」的製作過程與說明。
- 以低溫慢烤方式烘烤成品，才可保持風味。
- 做法5：請參考p.28「正確的烘烤」。

- 麵糰是以「糖油拌合法」製作完成，請參考p.12的「流程」。
- 做法2~6：請參考p.56「可可餅乾」的製作過程與說明。
- 紅茶的分量可依個人的口感做增減，但鮮奶的分量不變；伯爵紅茶可用其他的品種替換，但都必須以粉末狀的茶葉來製作。
- 做法6：請參考p.28「正確的烘烤」。

糖油拌合法

奶茶香酥餅乾

分量 約18片

材料 伯爵紅茶（茶包）2小包 鮮奶30克 無鹽奶油100克 細砂糖70克 鹽1/8小匙 低筋麵粉160克 奶粉15克

做法

1. 將茶包剪開取出紅茶粉末（約4~5克）（圖1），加鮮奶浸泡約30分鐘左右備用（圖2）。
2. 無鹽奶油秤好放在室溫下軟化後，加入細砂糖及鹽，用攪拌機攪拌均勻，再加入做法1的紅茶汁（連同紅茶粉末）（圖3），繼續用攪拌機以快速攪打成均勻的「紅茶奶油糊」（圖4）。
3. 將低筋麵粉及奶粉一起篩入紅茶奶油糊中，用橡皮刮刀以不規則的方向拌成均勻的「麵糰」。
4. 將麵糰壓扁後再包入保鮮膜內，冷藏鬆弛約30分鐘左右。
5. 秤取麵糰約20克，用手搓成圓球狀，直接放在烤盤上，壓平成為直徑約5公分左右的圓片狀。
6. 烤箱預熱後，以上火170℃、下火130℃烘烤約25~30分鐘左右，熄火後繼續用餘溫燜5~10分鐘左右。

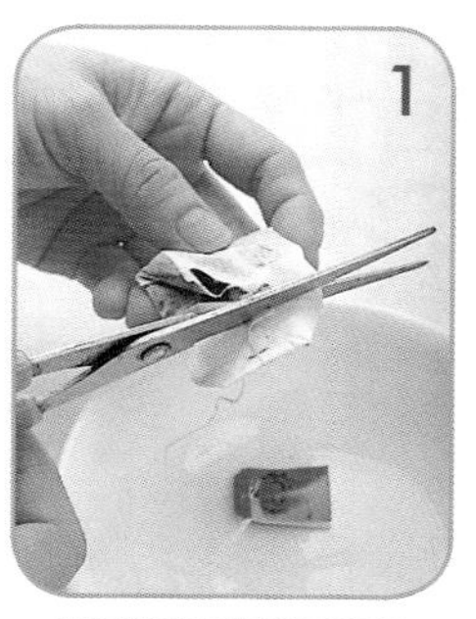
1

3

2

4

提醒一下

- 麵糰是以「糖油拌合法」製作完成，請參考p.12的「流程」。
- 做法2~7：請參考p.56「可可餅乾」的製作過程與說明。
- 即溶咖啡粉的顆粒如未完全融化亦可。

約30片

糖油拌合法

咖啡新月餅乾

材料 即溶咖啡粉 5 克（1 大匙） 水 1 小匙 無鹽奶油 90 克 糖粉 50 克 低筋麵粉 100 克 杏仁粉 50 克

裝飾：糖粉適量

做法

1. 即溶咖啡粉加水攪拌成均勻的咖啡糊備用。
2. 無鹽奶油秤好放在室溫下軟化後，加入糖粉，先用橡皮刮刀稍微攪拌混合，再用攪拌機攪打均勻。
3. 將做法1的咖啡糊加入做法2中（圖1），繼續以快速攪打成均勻的「咖啡奶油糊」。
4. 將低筋麵粉篩入咖啡奶油糊中，接著加入杏仁粉，用橡皮刮刀以不規則的方向拌成均勻的「麵糰」。
5. 將麵糰壓扁後再包入保鮮膜內，冷藏鬆弛約30分鐘左右。
6. 秤取麵糰約10克，用手搓成約8公分的長條狀，再做彎曲造型（圖2）。
7. 烤箱預熱後，以上火170℃、下火130℃烘烤約25分鐘左右，熄火後繼續用餘溫燜5~10分鐘左右。
8. 將放涼後的成品與糖粉放入塑膠袋內，將袋口栓緊並搖晃，即可裹上均勻的糖粉。

1

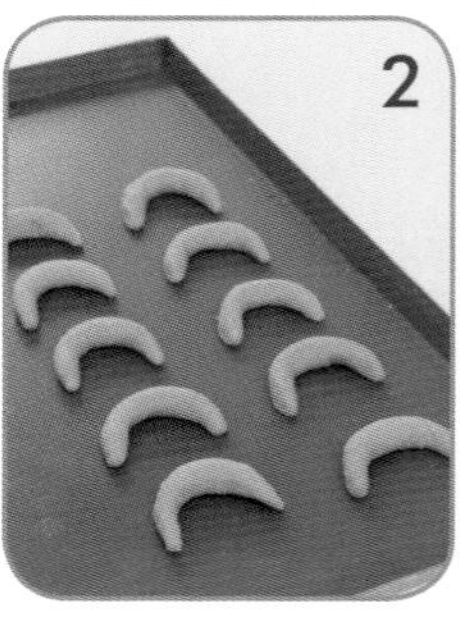
2

糖油拌合法

楓糖奶油夾心餅

約30片（15組）

材料 無鹽奶油 50 克　糖粉 30 克　楓糖 50 克　奶粉 10 克　低筋麵粉 120 克　杏仁粉 10 克　杏仁粒 25 克

夾心餡：無鹽奶油 40 克　楓糖 15 克

做法

1. 無鹽奶油秤好放在室溫下軟化後，加入糖粉，先用橡皮刮刀稍微攪拌混合，再用攪拌機攪打均勻。
2. 將楓糖分次加入做法1中（圖1），以快速攪打均勻，接著加入奶粉（圖2），繼續攪打成均勻的「楓糖奶油糊」。
3. 將低筋麵粉篩入奶油糊中，接著加入杏仁粉，用橡皮刮刀以不規則方向拌成均勻的「麵糰」。
4. 秤取麵糰約10克，用手搓成圓球狀後，沾裹上均勻的杏仁粒（圖3），直接放在烤盤上，用手掌壓扁成爲直徑約6公分左右的圓薄片（圖4）。
5. 烤箱預熱後，以上火170℃、下火100℃烘烤約25分鐘左右，熄火後繼續用餘溫燜5~10分鐘左右。
6. **夾心餡**：無鹽奶油秤好放在室溫下軟化後，慢慢加入楓糖，用打蛋器（或攪拌機）以快速攪打，即成楓糖奶油霜（圖5）。
7. 取適量的楓糖奶油霜抹在餅乾表面，再蓋上另一片餅乾即可。

提醒一下

- 麵糰是以「糖油拌合法」製作完成，請參考p.12的「流程」。
- 做法1~5：請參考p.56「可可餅乾」的製作過程與說明。
- 做法4：圓球狀麵糰只需表面沾裹上杏仁粒即可。圓球狀麵糰用手掌儘量壓扁，成品有如薄片餅乾的厚度，才適合夾上奶油霜；但需注意邊緣不可過薄。
- 做法5：請參考p.28「正確的烘烤」。

1

2

3

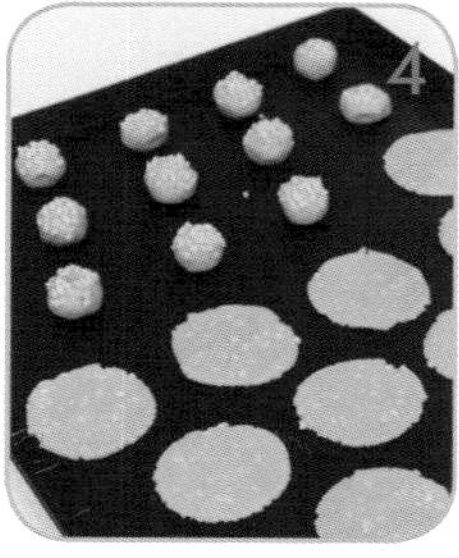

4

5

糖油拌合法

美式燕麥葡萄乾餅乾

約20片 分量

材料 核桃70克 葡萄乾35克 即食燕麥片125克
無鹽奶油100克 金砂糖（二砂糖）75克 鹽1/8小匙 香草精1/2小匙 全蛋25克
低筋麵粉70克

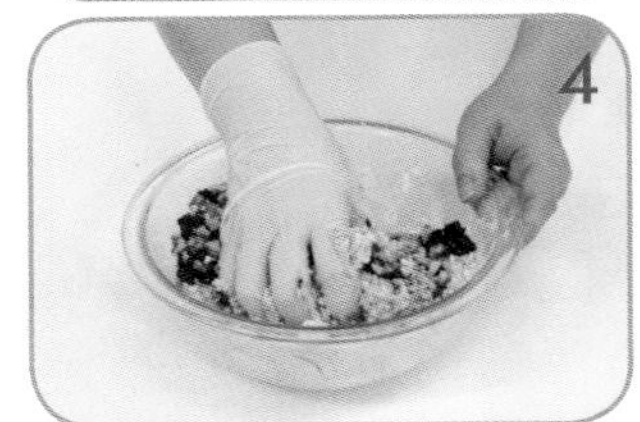

做法

1. 烤箱預熱後，先將核桃以上、下火各150℃烘烤約10分鐘，放涼後再切碎（圖1）；葡萄乾切碎備用（圖2）。
2. 無鹽奶油秤好放在室溫下軟化後，加入金砂糖、鹽及香草精，用攪拌機攪打均勻，呈滑順感即可。
3. 將全蛋加入做法2中，繼續以快速攪打成均勻的「奶油糊」（圖3）。
4. 將低筋麵粉篩入奶油糊中，用橡皮刮刀稍微拌合後，即可加入碎核桃、葡萄乾及即食燕麥片，用手抓成均勻的「麵糰」（圖4）。
5. 將麵糰壓扁後再包入保鮮膜內，冷藏鬆弛約30分鐘左右。
6. 秤取麵糰約25克，用手揉成圓球狀，直接放在烤盤上，將食指、中指及無名指併攏，將麵糰壓平，成為直徑約5公分左右的圓片狀（圖5）。
7. 烤箱預熱後，以上火170℃、下火130℃烘烤約25~30分鐘左右，熄火後繼續用餘溫燜5~10分鐘左右。

- 麵糰是以「糖油拌合法」製作完成，請參考p.12的「流程」。
- 做法2~7：請參考p.56「可可餅乾」的製作過程與說明。
- 做法7：請參考p.28「正確的烘烤」。

提醒一下

- 麵糰是以「糖油拌合法」製作完成，請參考p.12的「流程」。
- 做法1~3：製作內餡時，只要將所有材料依序混合拌勻即可，不用刻意打發；搓成圓球狀後，冷藏凝固比較好包入麵糰內，要壓平時，如內餡冰的過硬，則需等到麵糰回軟後再慢慢壓平。
- 做法4~8：請參考p.56「可可餅乾」的製作過程與說明。
- 做法8：請參考p.28「正確的烘烤」。

1

2

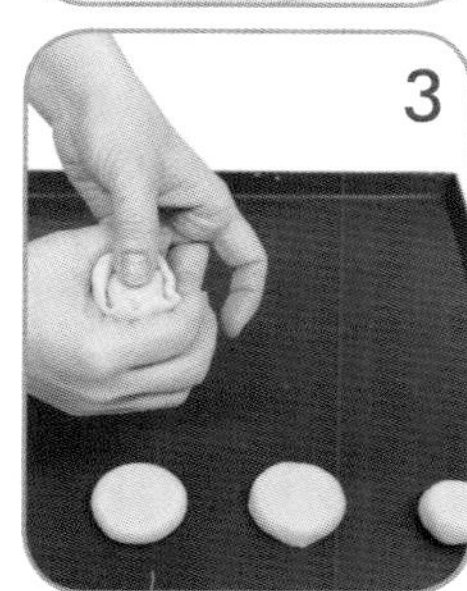
3

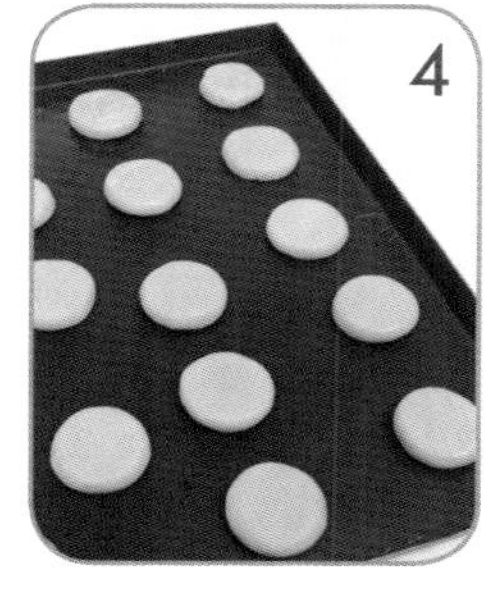
4

糖油拌合法

花生杏仁酥

分量 約18片

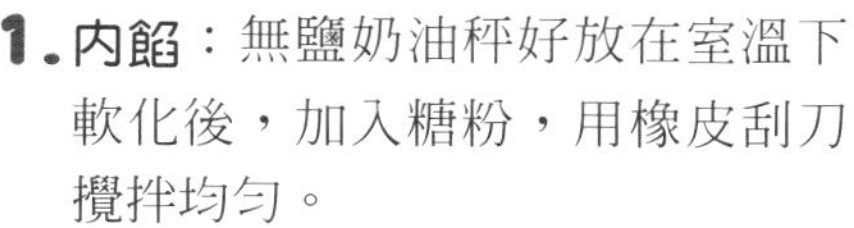

材料 A. 無鹽奶油 80 克　糖粉 40 克　蛋黃 20 克　低筋麵粉 140 克

B. 內餡：無鹽奶油 40 克　糖粉 35 克　花生醬（不含顆粒）35 克　低筋麵粉 40 克　杏仁粉 40 克　全蛋 15 克（刷麵糰用）

做法

1. **內餡**：無鹽奶油秤好放在室溫下軟化後，加入糖粉，用橡皮刮刀攪拌均勻。
2. 將花生醬加入做法1中，繼續攪拌均勻（圖1）。
3. 將低筋麵粉篩入做法2中，接著加入杏仁粉，用橡皮刮刀拌勻，即成內餡「花生杏仁醬」（圖2），接著均分成18等分，搓圓後放入冷藏室待凝固。
4. **材料A**：無鹽奶油秤好放在室溫下軟化後，加入糖粉，先用橡皮刮刀稍微攪拌混合，再用攪拌機攪打均勻。
5. 將蛋黃加入做法4中，繼續以快速攪打成均勻的「奶油糊」。
6. 將低筋麵粉篩入奶油糊中，用橡皮刮刀以不規則方向拌成均勻的「麵糰」。
7. 將「麵糰」均分成18等分，稍微壓扁後，包入內餡用虎口黏合（圖3），並揉成圓球狀，直接放在烤盤上，將麵糰輕輕壓平，成爲直徑約5公分左右的圓片狀（圖4）。
8. 將全蛋攪散後，在麵糰表面刷上均勻的蛋液，烤箱預熱後，以上火170℃、下火100℃烘烤約25分鐘左右，熄火後繼續用餘溫燜10~15分鐘左右。

糖油拌合法

脆果子

約30個 分量

材料 夏威夷豆30粒　無鹽奶油30克　糖粉50克　蛋白10克　低筋麵粉50克　無糖可可粉15克

做法

1. 烤箱預熱後，先將夏威夷豆以上、下火各150℃烘烤約10分鐘，取出放涼備用。
2. 無鹽奶油秤好放在室溫下軟化後，加入糖粉，先用橡皮刮刀稍微攪拌混合（圖1），再用攪拌機攪打均勻。
3. 將蛋白加入做法2中，繼續以快速攪打成均勻的「奶油糊」（圖2）。
4. 將低筋麵粉及無糖可可粉一起篩入奶油糊中，用橡皮刮刀稍微拌合，再用手抓成均勻的「麵糰」（圖3）。
5. 秤取麵糰約5克，再包入一粒夏威夷豆（圖4），用手輕輕地搓成圓球狀，直接放在烤盤上。
6. 烤箱預熱後，以上火170℃、下火130℃烘烤約20分鐘左右，熄火後繼續用餘溫燜10~15分鐘左右。

提醒一下

- 麵糰是以「糖油拌合法」製作完成，請參考p.12的「流程」。
- 做法2~5：請參考p.56「可可餅乾」的製作過程與說明。
- 做法5：麵糰包入夏威夷豆，用手搓成圓球狀時，動作必須輕巧，否則麵糰容易鬆散無法成形。
- 做法6：請參考p.28「正確的烘烤」。

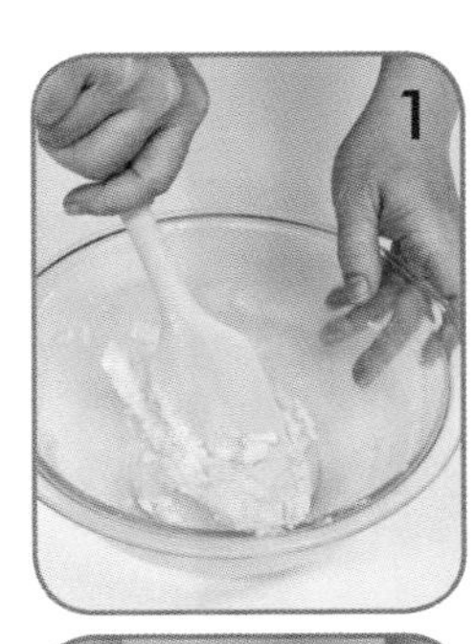
1

2

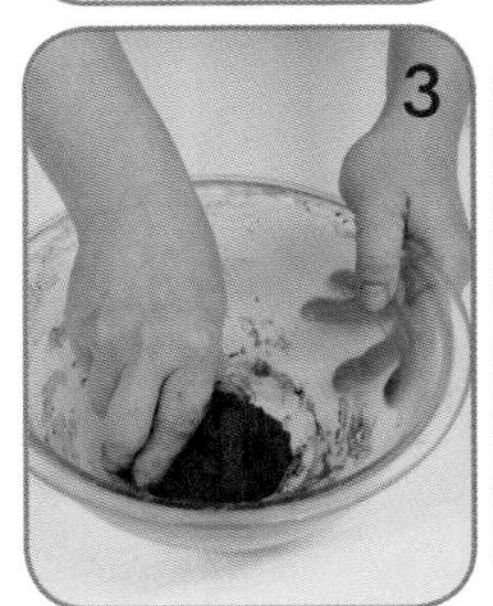
3

4

提醒一下

- 麵糰是以「糖油拌合法」製作完成，請參考p.12的「流程」。
- 做法1~6：請參考p.56「可可餅乾」的製作過程與說明。
- 做法6：請參考p.28「正確的烘烤」。
- 做法2：烘烤後的低筋麵粉，質地更加乾爽，重量減為約110克；以烘烤後的麵粉製作這道餅乾，口感特別綿密。
- 剛出爐的成品，表面易沾黏是正常現象，盡量不要用手直接觸摸，待完全冷卻後即可裹上糖粉。

約25個

糖油拌合法

綿綿雪球

材料 碎核桃 20 克　低筋麵粉 120 克
無鹽奶油 70 克　糖粉 40 克　鹽 1/8 小匙　即溶咖啡粉 2 小匙　糖粉適量（裝飾用）

做法

1. 烤箱預熱後，先將碎核桃以上、下火各150℃烘烤約10分鐘，取出放涼備用。
2. 接著將低筋麵粉以上、下火各160℃烘烤約20分鐘，呈淡淡的金黃色後，取出放涼備用（圖1）。
3. 無鹽奶油秤好放在室溫下軟化後，加入糖粉、鹽及即溶咖啡粉，先用橡皮刮刀稍微攪拌混合，再用攪拌機攪打成均勻的「咖啡奶油糊」。
4. 將放涼後的低筋麵粉篩入咖啡奶油糊中，用橡皮刮刀稍微拌合後（圖2），即可加入碎核桃，用手抓成均勻的「麵糰」（圖3）。
5. 秤取麵糰約10克，用手輕輕地搓成圓球狀，直接放在烤盤上（圖4）。
6. 烤箱預熱後，以上火170℃、下火130℃烘烤約25分鐘左右，熄火後繼續用餘溫燜5~10分鐘左右。
7. 將放涼後的成品與糖粉放入塑膠袋內，將袋口栓緊並搖晃，即可裹上均勻的糖粉。

2

3

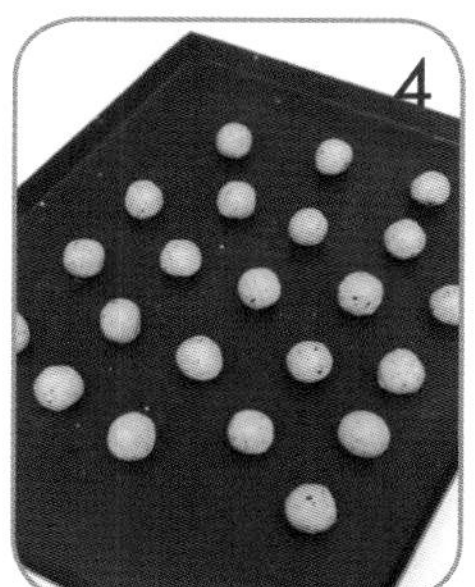
4

糖油拌合法

紅椒粉鹹味酥球

分量 約25個

材料 玉米片（Corn Flakes）30克 無鹽奶油65克 糖粉30克 鹽1/4小匙 蛋黃15克（約1個） 低筋麵粉120克 匈牙利紅椒粉2小匙

做法

1. 將玉米片裝入塑膠袋內，用擀麵棍敲碎備用（圖1）。
2. 無鹽奶油秤好放在室溫下軟化後，加入糖粉及鹽，先用橡皮刮刀稍微攪拌混合，再用攪拌機攪打均勻（圖2）。
3. 將蛋黃加入做法2中，繼續以快速攪打成均勻的「奶油糊」（圖3）。
4. 將低筋麵粉及匈牙利紅椒粉一起篩入奶油糊中，用橡皮刮刀稍微拌合後（圖4），即可加入玉米片，用手抓成均勻的「麵糰」。
5. 將麵糰壓扁後再包入保鮮膜內，冷藏鬆弛約30分鐘左右。
6. 秤取麵糰約10克，用手搓成圓球狀，直接放在烤盤上（圖5）。
7. 烤箱預熱後，以上火170℃、下火130℃烘烤約25~30分鐘左右，熄火後繼續用餘溫燜15分鐘左右。

- 麵糰是以「糖油拌合法」製作完成，請參考p.12的「流程」。
- 做法2~7：請參考p.56「可可餅乾」的製作過程與說明。
- 做法7：請參考p.28「正確的烘烤」。

約35個
分量

糖油拌合法

椰子絲小餅乾

材料 無鹽奶油 80 克 糖粉 50 克 香草精 1/4 小匙 全蛋 25 克
低筋麵粉 150 克 奶粉 10 克 杏仁粉 10 克 椰子粉 30 克
全蛋 15 克（刷麵糰用）椰子絲 20 克

做法

1. 無鹽奶油秤好放在室溫下軟化，加入糖粉及香草精，先用橡皮刮刀稍微攪拌混合，再用攪拌機攪打均勻。
2. 將全蛋分次加入做法1中，繼續以快速攪打成均勻的「奶油糊」。
3. 將低筋麵粉及奶粉一起篩入做法1的奶油糊中，接著加入杏仁粉及椰子粉，用橡皮刮刀稍微拌合後（圖1），即可用手抓成均勻的「麵糰」。
4. 秤取麵糰約10克，用雙手搓成長約5公分的條狀，刷上均勻的蛋液（圖2），接著沾上椰子絲（圖3），直接放在烤盤上（圖4）。
5. 烤箱預熱後，以上火170℃、下火120℃烘烤約25~30分鐘左右，熄火後繼續用餘溫燜15~20分鐘左右。

提醒一下

- 麵糰是以「糖油拌合法」製作完成，請參考p.12的「流程」。
- 做法1~4：請參考p.56「可可餅乾」的製作過程與說明。
- 做法5：以「低溫慢烤」至約20~25分鐘左右，麵糰已稍微上色，椰子絲尚未上色時，即可熄火繼續用餘溫燜至金黃色；另請參考p.28「正確的烘烤」。

1

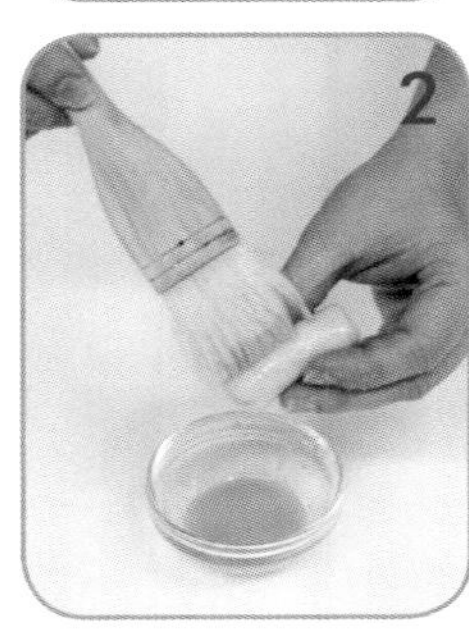
2

3

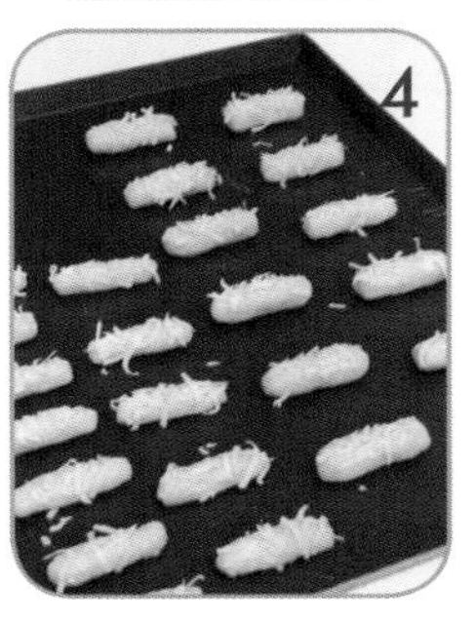
4

Part 3

切割餅乾

一把刀子或幾個可愛的刻模，
切出誘人的餅乾魅力！

以「切割」方式塑造餅乾的造型，必須以硬質麵糰來製作，如此才能符合耐切耐割的製作條件；當所有材料混合成糰後，無論是塑成圓柱體、正方體或工整的片狀，都需藉由冷藏或冷凍的凝固過程，才能利用刀子或各式的餅乾刻模做出不同花樣的餅乾，即俗稱的「冰箱餅乾」；因此這類型的餅乾麵糰，適合長時間的密封冷凍保存；當麵糰在搓揉、延壓及捲擀的動作下，造就「切割餅乾」的緊密組織與光滑觸感，因此成品的口感也會特別酥脆。

製作的原則

「切割餅乾」的麵糰具乾爽特性，因此可直接用手將所有材料抓成糰狀（請參考p.26的說明），並可廣泛利用不同的拌合方式，如「糖油拌合法」、「油粉拌合法」及「液體拌合法」的製作方式，請參考p.20的「流程」。

生料的類別

麵糰的水分（濕性材料）比例較低，屬於乾爽的「麵糰」，因此可方便切割與擀壓，從乾、濕材料拌合到麵糰塑形，都可直接用手操作。

塑形的方式

歸類本書中「切割餅乾」的各種造型，都是以圓柱體麵糰、長方體麵糰、三角錐麵糰以及片狀麵糰製作而成；最方便使用的工具，就是「刀子」與「餅乾刻模」，即能完成麵糰「切」或「割」的動作，說明如下：

☆**刀子**：可切「圓柱體麵糰」、「長方體麵糰」、「三角錐麵糰」以及「片狀麵糰」，為了掌控麵糰的烘烤品質，切割的寬度（厚度）以0.8～1公分為宜。

☆**餅乾刻模**：以不同花樣的刻模，可在「片狀麵糰」上切割造型；書中任何的餅乾刻模都可以個人喜愛的造型代替。

麵糰的尺寸

◆為了掌控烘烤品質，製作圓柱體、長方體、三角錐等立體麵糰時，不要將麵糰塑成過於粗大的尺寸，圓柱體的直徑（長方體及三角錐的邊長）以4～5公分為原則。

◆為了掌控刻模的切割品質與烘烤效果，製作片狀麵糰時，不可過厚，否則很難以餅乾刻模「刻」出漂亮的造型，最好將麵糰擀成0.5～0.8公分即可。

麵糰需要凝固

製作切割餅乾，無論使用刀子或任何餅乾刻模，都必須在「硬質」麵糰上操作，軟趴趴的麵糰就難以成形；也就是說，當所有材料混合成糰後，一定要放在冰箱等待「變硬」，請注意以下重點：

◆立體的圓柱體麵糰、長方體麵糰及三角錐麵糰等，放入冰箱凝固的時間與麵糰的粗細成正比；如書中的麵糰尺寸，放在冷藏室凝固時間約為2～3小時，如要縮短麵糰凝固時間，也可將這些立體麵糰放入冷凍庫，凝固時間約1小時。

而片狀麵糰凝固時間較快，放在冷藏室約1～2小時，如放入冷凍庫，只要30分鐘，差不多就會凝固囉！

◆麵糰整成圓柱體、長方體、三角錐或片狀時，無論以冷藏或冷凍凝固，目的只是讓「軟質」麵糰變成「硬質」麵糰，只要麵糰凝固成可以切割的硬度，即可取出製作，這樣才能切割出漂亮又工整的造型；千萬別讓麵糰冷凍過久，否則堅硬如石的麵糰就很難切割成片（或塊）。

◆塑形後的「圓柱體麵糰」放入冷藏室或冷凍庫待凝固時，麵糰底部會被壓平，而無法呈現圓滾滾的造型；只要麵糰的外層稍微冰硬後，即可取出放在工作檯上滾動數下再繼續冷凍（或冷藏），麵糰就會呈現渾圓工整的圓柱體。

◆如麵糰經長期冷凍後，硬到難以切割時，就必須將麵糰放在冷藏室慢慢回軟，再做切割動作。

切割的要領

◆用刀子切割立體麵糰時，必須垂直下刀，注意不可傾斜，否則麵糰的厚度不一，就會影響製作品質。

◆利用餅乾刻模時，在每一次的切割動作中，都需將刻模沾上少許的麵粉，才不易沾黏麵糰；切割後所剩餘的不規則麵糰，可用手再抓成糰狀，接著再做擀平、冷藏及切割的重複動作。

烘烤的訣竅

烘烤溫度仍以「上火大、下火小」為原則，參考溫度為上火約160℃～170℃、下火約100℃～130℃，烘烤時間約25～30分鐘左右，熄火後繼續用餘溫燜約10～20分鐘左右；其他的注意事項請參考p.28的「正確的烘烤」。

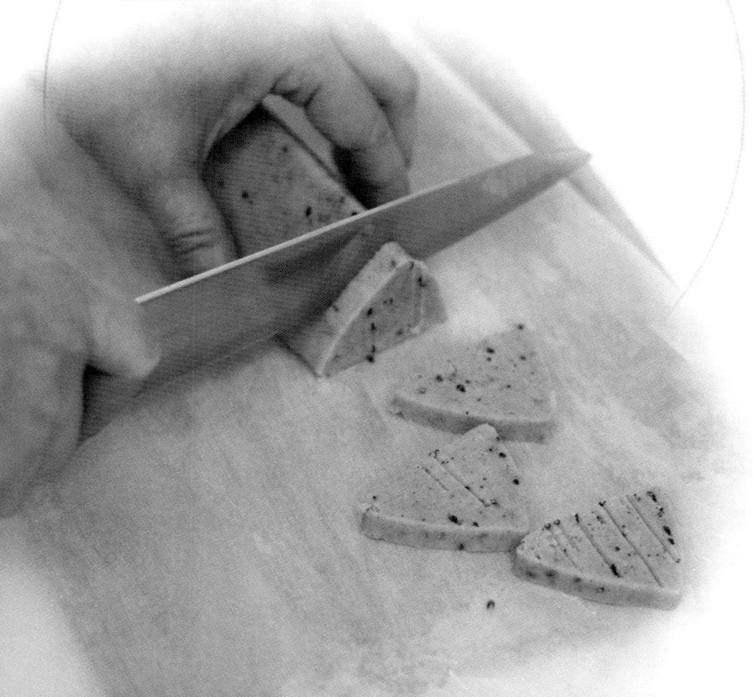

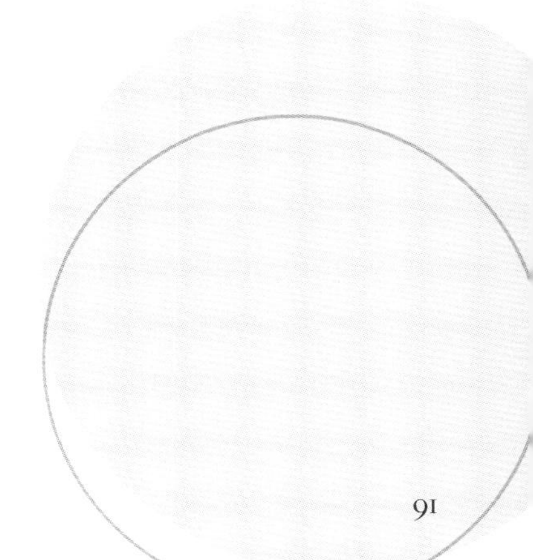

提醒一下

- 麵糰是以「糖油拌合法」製作完成，請參考p.12的「流程」。
- 用烘焙紙包圓柱體麵糰，較容易定型，如無法取得烘焙紙，也可用保鮮膜代替。
- 做法10：麵糰切割後，四周如呈鬆散狀，可用手再稍微整形一下。

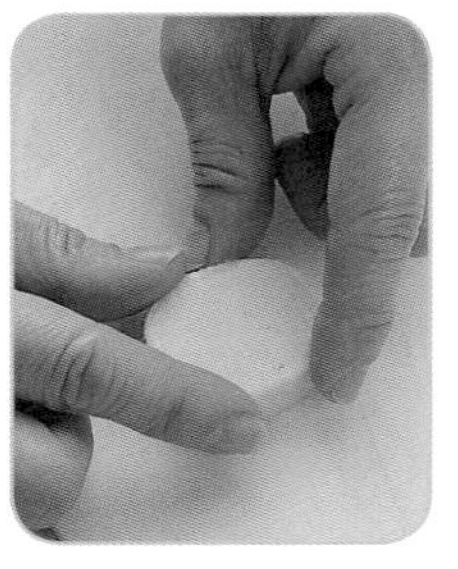

糖油拌合法

原味冰箱餅乾

分量 約25片

材料 無鹽奶油85克 糖粉70克 香草精1/2小匙 全蛋50克 低筋麵粉200克 奶粉30克

做法 以下的製作過程與說明，可供其他「切割餅乾」的「圓柱體麵糰」參考。

製作奶油糊

1. 無鹽奶油秤好放在容器內於室溫下軟化。

▶奶油軟化請參考p.12「做法1」及p.24「奶油要事先軟化」。

2. 將糖粉及香草精加入做法1中，先用橡皮刮刀稍微攪拌混合。

▶先用橡皮刮刀將糖粉與奶油稍微攪拌混合，就能避免電動攪拌機在攪打時，瞬間將糖粉噴出容器之外。

3. 再用攪拌機攪打均勻，呈滑順感即可。

▶此處不用顧慮攪打時間的長短，只要將糖粉及奶油融爲一體，呈滑順感即可。

4. 將全蛋攪散後分次加入做法3中，要以快速攪打均匀。

▶每次加入蛋液時，都要確實地融入奶油中，才能繼續加入蛋液；應避免加得太快而造成油水分離現象，慢慢加蛋液的同時，可持續攪打，不用刻意將機器停下來。

5. 繼續以快速攪打均匀，成為光滑細緻且顏色稍微變淡的「奶油糊」。

▶有關「奶油糊」，請參考p.13「糖油拌合法」的做法4。

篩入粉料

6. 將低筋麵粉及奶粉一起篩入奶油糊中，用橡皮刮刀以不規則的方向拌合。

▶可利用小篩網直接將麵粉及奶粉一起篩入奶油糊中，或事先將2種粉料一起過篩備用；過篩時，如有最後殘留在篩網上的粗顆粒，也必須用手搓一搓通過篩網，才不會造成粉料的損耗，而影響製作品質。

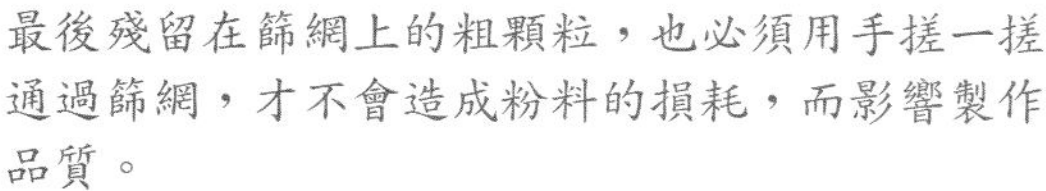

▶如材料中還有其他「配料」，也需在這個步驟加入，請參考p.14做法5~7。

▶不要同一方向用力轉圈亂攪，以防止麵糰出筋而影響口感，請參考p.14「何謂出筋？」及p.26「麵糰……正確的搓揉」。

抓成麵糰

7. 只要將所有的乾、濕材料混合成均匀的「麵糰」即可。

▶先用橡皮刮刀將乾、濕材料稍微混合後，即可用手直接抓成糰狀；只要成糰即可，沒必要過度搓揉，否則也會讓麵糰出筋而影響口感。

塑形

8. 先用手將麵糰拉成長條狀，接著放在工作檯上，用手輕輕地滾動數下，成為直徑約4~5公分的圓柱體。

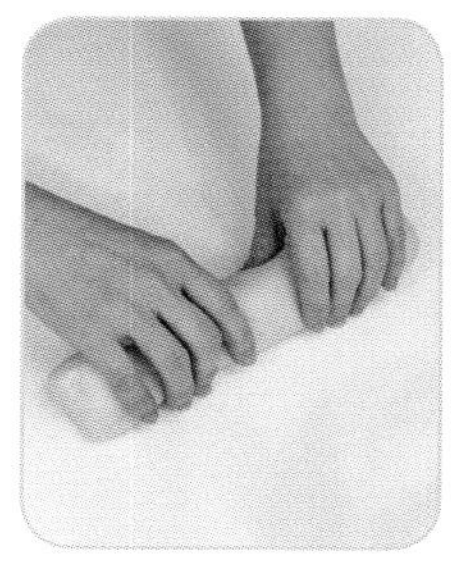

▶圓柱體的粗細可隨個人喜好製作，但不要過粗，否則不易掌握理想的烘烤狀態。

圓柱體麵糰需凝固

9. 用烤焙紙將圓柱體麵糰包好，放入冷藏室約2~3小時待凝固。

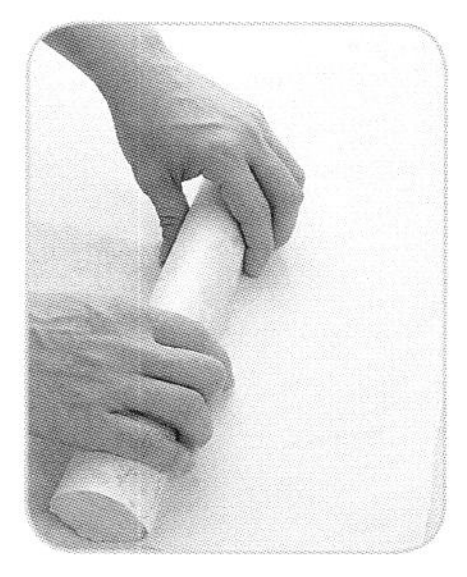

▶麵糰採用冷藏或冷凍的凝固原則，請參考p.90的「掌握的重點」。

用刀切割

10. 用刀切割凝固後的麵糰，切成厚約0.8~1公分的圓片狀。

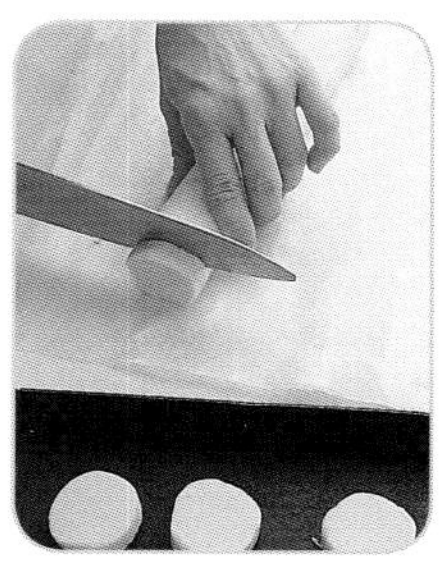

▶厚度盡量控制一致，應避免厚薄差距過大，而影響烘烤後的品質，請參考p.27「形狀的要求」。

烘烤

11. 將圓片狀麵糰直接鋪排在烤盤上，注意麵糰間必須留有約2~3公分的空間，以免烘烤後的成品會黏在一起。

▶請參考p.28「正確的烘烤」。

12. 烤箱預熱後，以上火170℃、下火130℃烘烤約25分鐘左右，熄火後繼續用餘溫燜10~15分鐘即可。

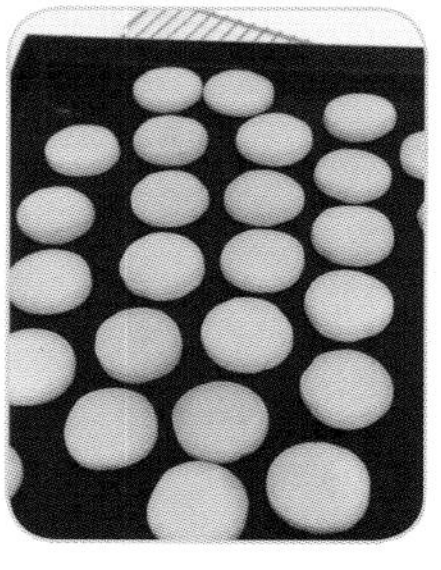

▶注意上色狀況，烤溫與時間要靈活運用，請參考p.28「正確的烘烤」。

約12片（6組）

分量

糖油拌合法

葡萄乾奶油夾心酥

材料 A. 無鹽奶油60克 糖粉30克 鹽1/8小匙 香草精1/4小匙 蛋黃30克
低筋麵粉130克 杏仁粉15克 蛋黃1個（刷麵糰用）
B. 夾心餡：葡萄乾30克 無鹽奶油50克 糖粉15克 鮮奶10克 蘭姆酒10克

做法 以下的製作過程與說明，可供其他「切割餅乾」的「片狀麵糰」參考。

製作奶油糊

1. 材料A：無鹽奶油秤好放在容器內於室溫下軟化。
2. 將糖粉、鹽及香草精加入做法1中，先用橡皮刮刀稍微攪拌混合。
3. 再用攪拌機攪打均勻，呈滑順感即可。
4. 將蛋黃攪散後分次加入做法3中，要以快速攪打均勻。
5. 繼續以快速攪打均勻，成爲光滑細緻的「奶油糊」。

篩入粉料

6. 將低筋麵粉篩入奶油糊中，接著加入杏仁粉，用橡皮刮刀以不規則的方向拌合。

抓成麵糰

7. 只要將所有的乾、濕材料混合成均勻的「麵糰」即可。

▶以上做法1~7的麵糰製作，請參考p.92「原味冰箱餅乾」的做法1~7及說明。

塑形

8. 將麵糰放在保鮮膜上，先用手將麵糰推開成長方形。

▶將麵糰放在保鮮膜上，可方便移動；先將整坨麵糰用手推開接近長方形的模樣，接著再用擀麵棍，即能順利又快速塑成工整的長方形（或正方形）。

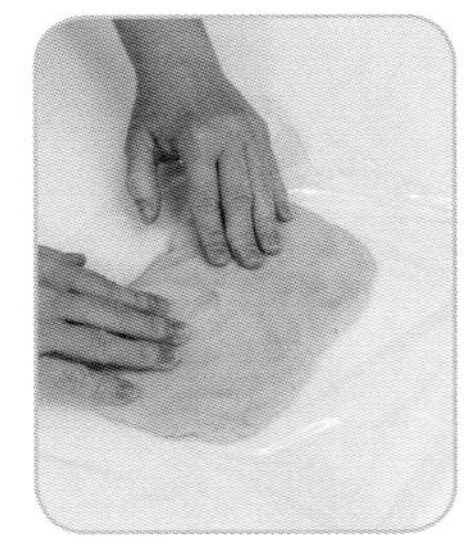

9. 將1張保鮮膜蓋在做法8的麵糰上。

▶麵糰上面隔著1張保鮮膜，可防止麵糰沾黏；如麵糰質地較乾爽者，則不需要再蓋保鮮膜，可直接擀平。

10. 用擀麵棍將麵糰擀成長約27公分、寬約17公分的**片狀麵糰**。

▶長與寬的尺寸，可依個人的方便擀製，但厚度要盡量一致，才有利於接下來的分割效果。

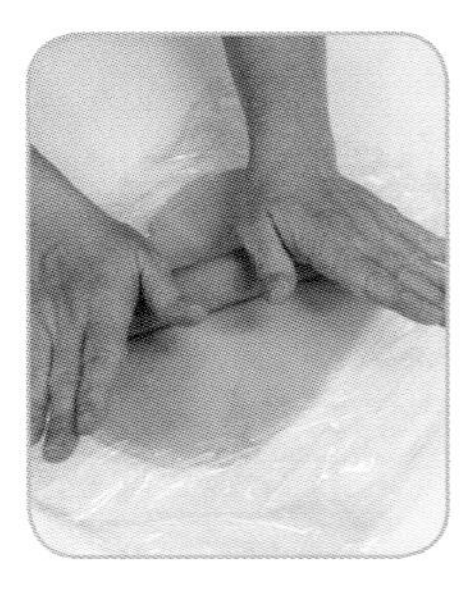

11. 在擀麵糰的同時，可適時地利用大刮板將麵皮四周推齊，即能有效地控制長與寬的平整線條。

▶長方形（或正方形）麵皮擀得越工整，越容易切割出大小一致的形狀。

片狀麵糰需凝固

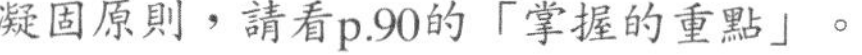

12. 將擀好的片狀麵糰（連同2張保鮮膜）放在托盤上，冷藏約1~2小時左右待凝固。

▶如要縮短麵皮凝固時間，也可將麵皮放入冷凍庫，只要凝固成可以切割的硬度，即可取出製作；麵皮採用冷藏或冷凍的凝固原則，請看p.90的「掌握的重點」。

用刀切割

13. 用刀切割凝固後的片狀麵糰，盡量成大小一致的12片長方形麵糰。

▶長、寬盡量控制一致，才不會影響烘烤後的品質，請參考p.27「形狀的要求」。

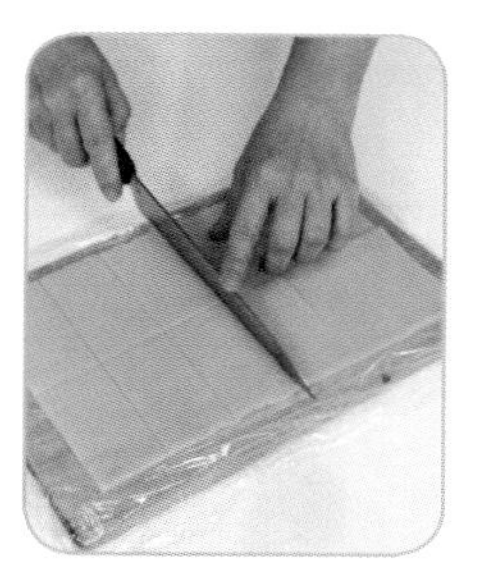

烘烤

14. 將長方形麵糰鋪排在烤盤上，接著將蛋黃攪散，刷在麵糰表面。

▶麵糰表面刷上蛋黃液，烘烤後的成品具金黃色的光澤效果；只要刷薄薄一層即可，以免上色過深。

15. 烤箱預熱後，以上火170℃、下火120℃烘烤約20~25分鐘左右，熄火後繼續用餘溫燜10~15分鐘即可。

▶注意上色狀況，烤溫與時間要靈活運用，請參考p.28「正確的烘烤」。

製作夾心餡

16. 材料B：將葡萄乾切碎。

▶葡萄乾盡量切碎，與奶油霜調和後，才能作出順口的夾心餡；如果事先將葡萄乾以蘭姆酒（非材料中的用量）泡軟時，在切碎前必須擠乾汁液，而鮮奶及蘭姆酒的用量則均減爲5克即可。

17. 將軟化後的無鹽奶油加糖粉，先用橡皮刮刀稍微拌合，再用攪拌機攪打均勻，呈滑順感即可。

▶奶油用量不多，也可利用打蛋器攪拌均勻。

18. 接著分次慢慢加入鮮奶及蘭姆酒，要以快速攪打均勻，即成「蘭姆葡萄奶油霜」。

▶奶油要確實軟化，才能順利將鮮奶及蘭姆酒等液體材料攪打融合。

19. 將「蘭姆葡萄奶油霜」抹在成品底部，再以另一塊黏合即可。

▶夾心餡是以天然無鹽奶油製作，化口性佳，但融點較低，如放在一般常溫下（25℃~30℃），則會出現稀軟現象，所以可放入冷藏室，食用前再取出，很快即會恢復應有的軟度，加上蘭姆酒香氣，非常美味。

提醒一下

➤ 麵糰是以「糖油拌合法」製作完成，請參考p.12的「流程」。

➤ 做法10及13：長方形麵糰的尺寸與切割成塊的大小，可隨個人操作的方便性與喜好改變，但必須注意麵糰的厚度要一致。

約100個

油粉拌合法

格子餅

材料 低筋麵粉 150 克 糖粉 50 克 無鹽奶油 50 克 香草精 1/4 小匙 鮮奶 40 克 蛋白 15 克（刷麵糰用）

做法

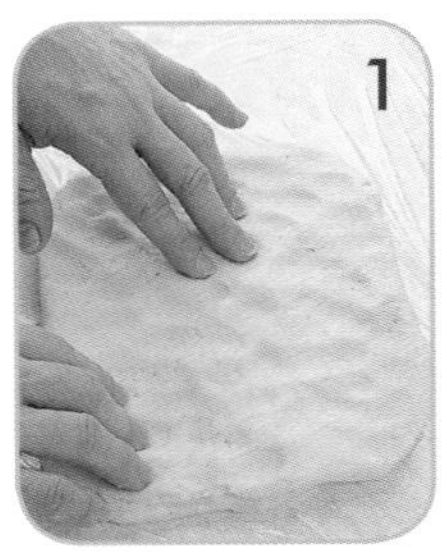

1. 將低筋麵粉及糖粉分別秤好後，一起過篩至容器（料理盆）中。
2. 將無鹽奶油切成小塊後倒入做法1的粉料中，用雙手輕輕地將奶油與麵粉搓揉成均勻的鬆散狀。
3. 將香草精及鮮奶倒入做法2的鬆散材料中，用手將所有材料抓成均勻的「麵糰」。
4. 將麵糰放在保鮮膜上，先用手將麵糰推開成長方形（圖1），再用擀麵棍擀成長約20公分、寬約15公分的**片狀麵糰**，擀好後連同保鮮膜放在托盤上，冷藏約1小時左右待凝固。

5. 將麵糰表面刷上均勻的蛋白（圖2），再切割成約1.5公分的正方形（圖3），接著鋪排在烤盤上。

6. 烤箱預熱後，以上火160℃、下火100℃烘烤約20~25分鐘左右，熄火後繼續用餘溫燜10~15分鐘即可。

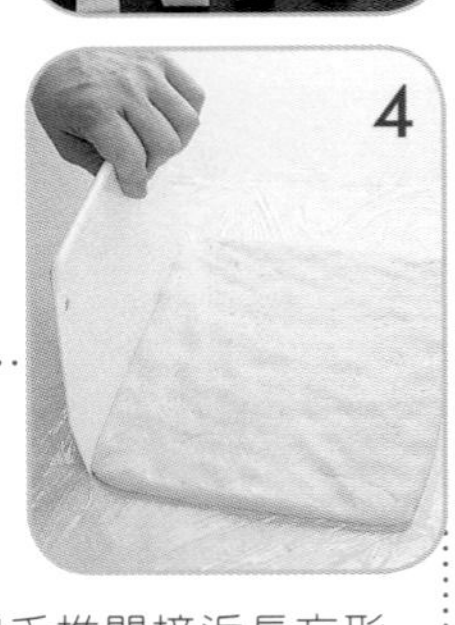

提醒一下

- 麵糰是以「油粉拌合法」製作完成，請參考p.16的「流程」。
- 做法4：擀麵糰前，先將整坨麵糰用手推開接近長方形的模樣，接著再用擀麵棍擀成工整的正方形（或長方形）；擀麵時，如有沾黏現象，可在麵糰上蓋一張保鮮膜；同時可利用大刮板將四周麵糰推齊，較容易控制長與寬（圖4）。
- 做法4~6：麵糰塑形、切割及烘烤，請參考p.94的「葡萄乾奶油夾心酥」做法8~15。
- 麵糰採用冷藏或冷凍的凝固原則，請看p.90的「掌握的重點」。

糖油拌合法

可可捲心酥餅

約25片 分量

材料 無鹽奶油 90 克　糖粉 70 克　蛋白 20 克
低筋麵粉 180 克　杏仁粉 20 克　無糖可可粉 5 克

做法

1. 無鹽奶油秤好放在室溫下軟化後，加入糖粉，先用橡皮刮刀稍微攪拌混合，再用攪拌機攪拌均勻。
2. 蛋白攪散後分次加入做法1中，繼續以快速攪打成均勻的「奶油糊」。
3. 將低筋麵粉篩入奶油糊中，接著加入杏仁粉，用手抓成均勻的「麵糰」。
4. 將麵糰分成2等分，其中一份放在保鮮膜上，先用手將麵糰推開成長方形（如p.94做法8），再用擀麵棍擀成長約23公分、寬約18公分的片狀麵糰。

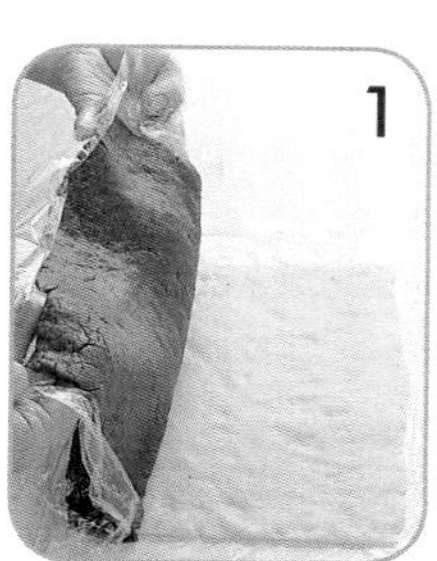

5. 另一份麵糰加入無糖可可粉，用手搓揉均勻成爲「可可麵糰」，同樣放在保鮮膜上，先用手將麵糰推開成長方形，再用擀麵棍擀成長約23公分、寬約18公分的片狀麵糰。

6. 將做法5的可可麵糰直接蓋在做法4的麵糰表面（圖1），將保鮮膜撕除後（圖2），先用手將2片麵糰輕壓整形，再拉起一端的保鮮膜，輕輕地將麵糰捲成**圓柱體**（圖3），接著將麵糰放在工作檯上滾動，可使兩種麵糰更加緊密黏合。

7. 用烘焙紙將圓柱體麵糰包好，冷藏約3~4小時左右待凝固。
8. 用刀切割凝固的麵糰，切成厚約1公分的圓片狀，接著鋪排在烤盤上（圖4）。

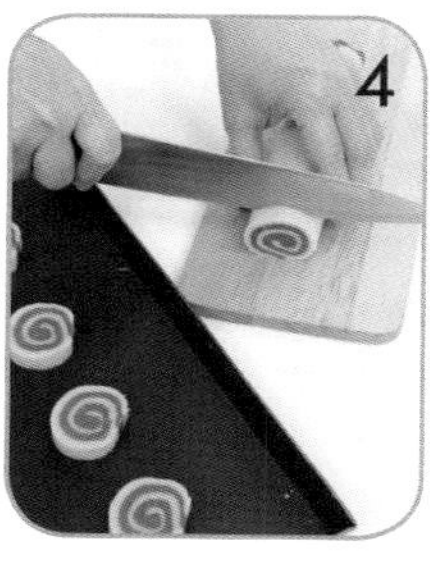

9. 烤箱預熱後，以上火170℃、下火130℃烘烤約25~30分鐘左右，熄火後繼續用餘溫燜10~15分鐘即可。

- 麵糰是以「糖油拌合法」製作完成，請參考p.12的「流程」。
- 做法6：可先將不整齊的一端麵糰稍微切掉，再開始捲成圓柱體。
- 做法6~9：麵糰塑形、切割及烘烤，請參考p.94的做法8~11及p.93的做法8~10。
- 麵糰採用冷藏或冷凍的凝固原則，請看p.90的「掌握的重點」。

提醒一下

- 麵糰是以「油粉拌合法」製作完成，請參考p.16的「流程」。
- 做法1：放涼後的焦糖液呈濃稠狀。
- 做法4：擀麵糰時，儘量厚度一致。
- 麵糰採用冷藏或冷凍的凝固原則，請看p.90的「掌握的重點」。
- 做法5：圓形刻模可以其他造型刻模代替，在每一次的切割動作中，都需將刻模沾上少許的麵粉，切割時才不易沾黏麵糰；切割後所剩餘的不規則麵糰，可用手再抓成糰狀，接著再重複做法4~5的動作。

油粉拌合法

焦糖蛋黃酥餅

分量 約24片

材料 低筋麵粉 100克 糖粉 50克 鹽 1/4小匙 無鹽奶油 60克 香草精 1/2小匙 蛋黃 20克

焦糖液：細砂糖 50克 水 3小匙

做法

1. **焦糖液**：將空鍋稍微加熱後，將細砂糖加入鍋內，用小火煮至焦糖色（如p.52焦糖蘋果餅乾的圖2），熄火後再將水慢慢加入鍋內（圖1），用湯匙攪勻，放涼備用（圖2）。
2. 將低筋麵粉及糖粉分別秤好後，一起過篩至容器（料理盆）中，再加入鹽及無鹽奶油，用雙手搓揉成均勻的鬆散狀。
3. 將香草精及蛋黃加入做法2的鬆散材料中，繼續用手抓成均勻的「麵糰」。
4. 將麵糰放在保鮮膜上，再用擀麵棍擀成厚約0.5公分的片狀，擀好後連同保鮮膜放在托盤上，冷藏約1~2小時左右待凝固。
5. 用直徑約4公分的圓形刻模在麵糰上切割出圓片狀，接著鋪排在烤盤上，並刷上均勻的焦糖液。
6. 烤箱預熱後，以上火170℃、下火130℃烘烤約25~30分鐘左右，熄火後繼續用餘溫燜10~15分鐘即可。

約15條

分量

油粉拌合法

起士條

材料 低筋麵粉 120 克 糖粉 20 克 帕米善（Parmesan）起士粉 10 克，無鹽奶油 50 克 切達起士 20 克（1 片） 鮮奶（或冷水）20 克，蛋白 1 個 生的白芝麻 50 克

做法

1. 將低筋麵粉及糖粉分別秤好後，一起過篩至容器（料理盆）中，再加入帕米善起士粉及無鹽奶油，用雙手搓揉成均勻的鬆散狀。
2. 將切達起士用手撕成小塊後（圖1），與鮮奶分別加入做法1中（圖2），繼續用手抓成均勻的「麵糰」。
3. 將麵糰放在保鮮膜上，先用手將麵糰推開成長方形（如p.94做法8），再用擀麵棍擀成長約20公分、寬約18公分的片狀麵糰。
4. 將擀好的麵糰連同保鮮膜放在托盤上，冷藏約2小時左右待凝固。
5. 將麵糰切割成長約18公分、寬約1.5公分的長條狀，並在麵糰表面刷上均勻的蛋白（圖3），再均勻地沾上生的白芝麻，並用手輕壓才不易脫落，接著放在烤盤上，再將麵糰兩端以相反方向扭起。
6. 烤箱預熱後，以上火170℃、下火130℃烘烤約25~30分鐘左右，熄火後繼續用餘溫燜10~15分鐘即可。

提醒一下

- 麵糰是以「油粉拌合法」製作完成，請參考p.16的「流程」。
- 做法3~5：麵糰塑形請參考p.94的「葡萄乾奶油夾心酥」做法8~12。
- 麵糰採用冷藏或冷凍的凝固原則，請看p.90的「掌握的重點」。
- 做法5：也可將整片麵糰刷上均勻的蛋白，接著沾裹白芝麻，再切割成長條狀麵糰。

油粉拌合法

蔓越莓酥餅

分量 約35片

材料 蔓越莓乾 35 克 杏仁片 35 克

低筋麵粉 100 克 糖粉 35 克 杏仁粉 20 克 無鹽奶油 50 克 鮮奶 15 克（1 大匙）

做法

1. 烤箱預熱後，杏仁片以上、下火150℃烘烤約10分鐘左右，放涼後與蔓越莓乾用料理機一起絞碎備用，或用刀子盡量切碎（圖1）。
2. 將低筋麵粉及糖粉分別秤好後，一起過篩至容器（料理盆）中，再加入杏仁粉，接著加入無鹽奶油，用雙手搓揉成均勻的鬆散狀（圖2）。
3. 將鮮奶及做法1的蔓越莓乾與杏仁片一起加入做法2中（圖3），繼續用手抓成均勻的「麵糰」。
4. 將麵糰放在保鮮膜上，用擀麵棍擀成厚約0.5公的片狀（圖4）。
5. 擀好後連同保鮮膜放在托盤上，冷藏約1~2小時左右待凝固。
6. 再用長度約3.5公分的花形刻模切割出花型麵糰（圖5），接著鋪排在烤盤上。
7. 烤箱預熱後，以上火170℃、下火130℃烘烤約20~25分鐘左右，熄火後繼續用餘溫燜10~15分鐘即可。

- 麵糰是以「油粉拌合法」製作完成，請參考p.16的「流程」。
- 麵糰採用冷藏或冷凍的凝固原則，請看p.90的「掌握的重點」。
- 做法4：擀麵糰時，儘量厚度一致。
- 做法6：花形刻模可以其他造型刻模代替，在每一次的切割動作中，都需將刻模沾上少許的麵粉，切割時才不易沾黏麵糰；切割後所剩餘的不規則麵糰，可用手再抓成糰狀，接著再重複做法4~6的動作。

1

2

3

4

5

糖油拌合法

芝麻如意餅乾

分量 約24片

材料 無鹽奶油 60克 糖粉 30克 鮮奶 25克，低筋麵粉 150克 奶粉 15克

內餡：黑芝麻粉 15克 糖粉 15克

做法

1. **內餡**：黑芝麻粉加糖粉混合均勻備用。
2. 無鹽奶油秤好放在室溫下軟化後，加入糖粉，先用橡皮刮刀稍微攪拌混合，再用攪拌機攪打均勻。
3. 將鮮奶分次加入做法2中，繼續以快速攪打成均勻的「奶油糊」。
4. 將低筋麵粉及奶粉一起篩入奶油糊中，用橡皮刮刀以不規則的方向拌成均勻的「麵糰」。
5. 將麵糰放在保鮮膜上，先用手將麵糰推開成長方形（如p.94做法8），再用擀麵棍擀成長約30公分、寬約20公分的片狀麵糰。
6. 將內餡均勻地舖在麵糰表面（圖1），並用手輕輕地壓緊。
7. 用雙手拉起一端的保鮮膜，輕輕地將麵糰捲至1/2處，接著再從另一端做相同的捲麵糰動作（圖2），即成爲相連的兩個圈狀（圖3）。
8. 捲好的麵糰包在保鮮膜內，冷藏約2~3小時凝固後，再切割成厚約0.8公分的片狀（圖4），接著鋪排在烤盤上。
9. 烤箱預熱後，以上火170℃、下火130℃烘烤約20~25分鐘左右，熄火後繼續用餘溫燜5~10分鐘即可。

- 麵糰是以「糖油拌合法」製作完成，請參考p.12的「流程」。
- 做法5：麵糰塑形，請參考p.94的做法8~12。
- 做法7：開始捲麵糰前，可用大刮板切掉四周不平整的麵糰（圖5）。
- 麵糰採用冷藏或冷凍的凝固原則，請看p.90的「掌握的重點」。

1

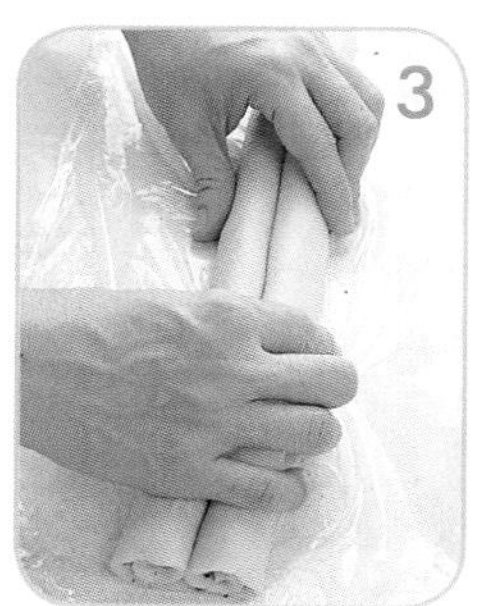
3

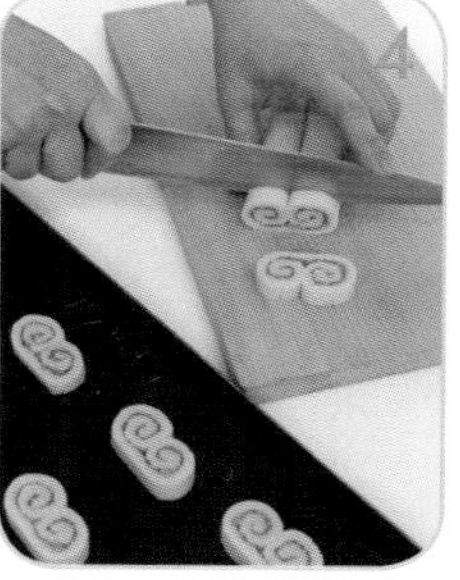
4

5

油粉拌合法

咖哩鹹酥餅乾

分量 約20片

材料 低筋麵粉150克　糖粉20克　咖哩粉10克　鹽1/4小匙
無鹽奶油50克　鮮奶20克　蛋黃35克　熟的黑芝麻10克　熟的白芝麻10克

做法

1. 將低筋麵粉、糖粉及咖哩粉一起過篩至容器（料理盆）中，再加入鹽及無鹽奶油，用雙手搓揉成鬆散狀（圖1）。
2. 將鮮奶、蛋黃、黑芝麻及白芝麻分別加入做法1中，繼續用手抓成均勻的「麵糰」。
3. 將麵糰放在保鮮膜上，用擀麵棍擀成厚約0.7公分的片狀，擀好後連同保鮮膜放在托盤上，冷藏約1~2小時左右待凝固。
4. 再用直徑約4公分的圓形刻模切割出圓形小麵糰（圖2），接著鋪排在烤盤上。
5. 烤箱預熱後，以上火170℃、下火130℃烘烤約20~25分鐘左右，熄火後繼續用餘溫燜5~10分鐘即可。

1

2

提醒一下

- 麵糰是以「油粉拌合法」製作完成，請參考p.16的「流程」。
- 麵糰採用冷藏或冷凍的凝固原則，請看p.90的「掌握的重點」。
- 做法3：擀麵糰時，儘量厚度一致。
- 做法4：圓形刻模可以其他造型刻模代替，在每一次的切割動作中，都需將刻模沾上少許的麵粉，切割時才不易沾黏麵糰；切割後所剩餘的不規則麵糰，可用手再抓成糰狀，接著再重複做法3~4的動作。

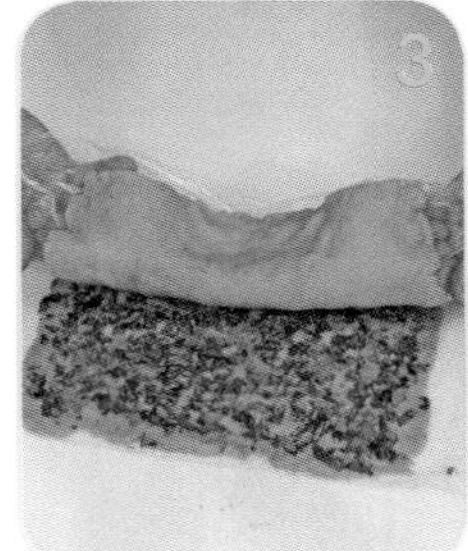

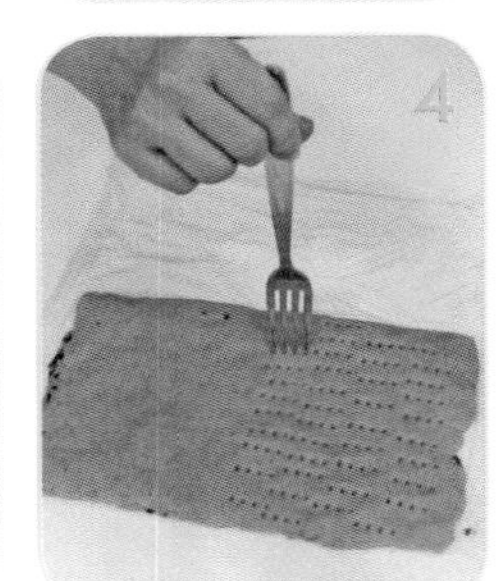

糖油拌合法

九層塔夾心酥

約24片 分量

材料 無鹽奶油 **90** 克　細砂糖 **30** 克　鹽 **1/4** 小匙
低筋麵粉 **150** 克　匈牙利紅椒粉 **1/2** 小匙（**1** 克）
夾心餡： 九層塔 **10** 克　黑胡椒粉 **1/8** 小匙

提醒一下

- 麵糰是以「糖油拌合法」製作完成，請參考p.12的「流程」。
- 做法4：麵糰塑形，請參考p.94的「葡萄乾奶油夾心酥」做法8~12。
- 做法6：將麵糰對摺後，即會自然地裂成工整的2片，接著用手稍微壓平整形即可。
- 麵糰採用冷藏或冷凍的凝固原則，請看p.90的「掌握的重點」。

做法

1. 九層塔洗淨擦乾水分再切碎備用。
2. 無鹽奶油秤好放在室溫下軟化後，加入細砂糖及鹽，用攪拌機攪拌均勻成為「奶油糊」。
3. 將低筋麵粉及匈牙利紅椒粉一起篩入奶油糊中，用手抓成均勻的「麵糰」。
4. 將麵糰放在保鮮膜上，先用手將麵糰推開成長方形（如p.94做法8），再用擀麵棍擀成長約26公分、寬約20公分的片狀麵糰（圖1）。
5. 在麵糰表面的一半鋪上切碎的九層塔（圖2），再均勻地撒上黑胡椒粉。
6. 用雙手拉起一端的保鮮膜，順勢將麵糰對摺（圖3），再用叉子在麵糰表面扎些小洞（圖4），連同保鮮膜一起放在托盤上，冷藏約1~2小時左右待凝固。
7. 將麵糰切割成24等分（寬約1.5公分）（圖5），接著鋪排在烤盤上。
8. 烤箱預熱後，以上火170℃、下火130℃烘烤約20~25分鐘左右，熄火後繼續用餘溫燜5~10分鐘即可。

糖油拌合法

香料餅乾

約25片 分量

材料 無鹽奶油50克 金砂糖（二砂糖）25克 鹽1/4小匙 糖蜜（Molasses）30克 蛋黃15克（約1個） 低筋麵粉150克 肉桂粉、薑粉、荳蔻粉各1/8小匙 蛋白適量（刷麵糰用）

做法

1. 無鹽奶油秤好放在室溫下軟化後，分別加入金砂糖及鹽，用攪拌機攪拌均勻，呈滑順感即可。
2. 將糖蜜及蛋黃依序加入做法1中（圖1），繼續以快速攪打成均勻的「奶油糊」。
3. 將低筋麵粉、肉桂粉、薑粉及荳蔻粉放在同一容器中（圖2），一起篩入奶油糊中，用手抓成均勻的「麵糰」。
4. 將麵糰放在保鮮膜上，用擀麵棍擀成厚約0.5公分的片狀（圖3）。
5. 擀好後連同保鮮膜放在托盤上，冷藏約1~2小時左右待凝固，再用星型刻模刻出星形造型（圖4），接著鋪排在烤盤上，並刷上均勻的蛋白（圖5）。
6. 烤箱預熱後，以上火170℃、下火130℃烘烤約20~25分鐘左右，熄火後繼續用餘溫燜10~15分鐘即可。

1

2

3

4

5

提醒一下

- 麵糰是以「糖油拌合法」製作完成，請參考p.12的「流程」。
- 材料中的3種香料可改用個人偏好的不同香料來製作。
- 做法4：擀麵糰時，儘量厚度一致。
- 做法5：星形刻模可以其他造型刻模代替，在每一次的切割動作中，都需將刻模沾上少許的麵粉，切割時才不易沾黏麵糰；切割後所剩餘的不規則麵糰，可用手再抓成糰狀，接著再重複做法4~5的動作。
- 麵糰採用冷藏或冷凍的凝固原則，請看p.90的「掌握的重點」。

提醒一下

- 麵糰是以「油粉拌合法」製作完成，請參考p.16的「流程」。
- 材料中的鹽之花（如p.38）較一般食用鹽的鹹度略低，口感甘甜，如無法取得，則改用一般海鹽，必須斟酌減量，以免過鹹。
- 麵糰採用冷藏或冷凍的凝固原則，請看p.90的「掌握的重點」。
- 做法5：擀麵糰時，儘量厚度一致。
- 做法7：橢圓形刻模長約6.3公分、寬約4公分、高約4公分，可以其他造型刻模代替，在每一次的切割動作中，都需將刻模沾上少許的麵粉，切割時才不易沾黏麵糰；切割後所剩餘的不規則麵糰，可用手再抓成糰狀，接著再重複做法5~7的動作。

油粉拌合法

海苔芝麻鹹酥餅

分量 約15片

材料 低筋麵粉 100克　糖粉 20克　杏仁粉 15克
無鹽奶油 45克　蛋黃 15克（約1個）鮮奶 15克
熟的白芝麻 10克　海苔絲（或海苔片）2克　蛋白 15克　鹽之花（或粗海鹽）適量

做法

1. 用剪刀將海苔絲剪碎備用，如改用海苔片則用手撕碎即可。
2. 將低筋麵粉及糖粉一起過篩至容器中，接著加入杏仁粉。
3. 將無鹽奶油切成小塊後加入做法2中，用手搓揉成均匀的鬆散狀。
4. 將蛋黃及鮮奶分別加入做法3中，先用橡皮刮刀稍微混合，即可加入剪碎的海苔絲（圖1），繼續用手抓成均匀的「麵糰」（圖2）。
5. 將麵糰放在保鮮膜上，用擀麵棍擀成厚約0.5公分的片狀麵糰。
6. 擀好後連同保鮮膜放在托盤上，冷藏約1~2小時左右待凝固。
7. 再用橢圓形刻模刻出造型（圖3），接著鋪排在烤盤上，在麵糰表面刷上均匀的蛋白（圖4），並撒上均匀的鹽之花（圖5）。
8. 烤箱預熱後，以上火170℃、下火130℃烘烤約20~25分鐘左右，熄火後繼續用餘溫燜10~15分鐘即可。

1

2

3

4

5

約40個
分量

糖油拌合法

開心果蜂蜜脆餅

材料 無鹽奶油 80 克 糖粉 30 克 蜂蜜 30 克 低筋麵粉 150 克 杏仁粉 20 克 開心果 30 克

做法

1. 無鹽奶油秤好放在室溫下軟化後，加入糖粉，先用橡皮刮刀稍微攪拌混合，再用攪拌機攪拌均勻，呈滑順感即可。
2. 將蜂蜜慢慢加入做法1中（圖1），繼續以快速攪打成均勻的「蜂蜜奶油糊」。
3. 將低筋麵粉篩入蜂蜜奶油糊中，接著加入杏仁粉，用橡皮刮刀稍微拌合（圖2），即可加入開心果（圖3），用手抓成均勻的「麵糰」。
4. 將麵糰放在工作檯上，用手輕輕地搓成直徑約2.5公分的圓柱體，再用烘焙紙包好，冷藏約1~2小時待凝固。
5. 用刀切割凝固的麵糰，切成厚約0.8~1公分的圓片狀（圖4），接著鋪排在烤盤上。
6. 烤箱預熱後，以上火170℃、下火120℃烘烤約20分鐘左右，熄火後繼續用餘溫燜10~15分鐘即可。

提醒一下

- 麵糰是以「糖油拌合法」製作完成，請參考p.12的「流程」。
- 開心果也可用其他堅果代替，不需事先烘烤。
- 做法4：圓柱體麵糰較細長，凝固時間會縮短；麵糰採用冷藏或冷凍的凝固原則，請看p.90的「掌握的重點」。
- 做法4~6：麵糰塑形、切割及烘烤原則，請看p.93的「原味冰箱餅乾」做法8~12。

約25片 分量

糖油拌合法

紅茶義式脆餅

材料 紅茶包2小包 水35克 無鹽奶油50克 糖粉70克 低筋麵粉150克 杏仁片50克

做法

1. 將紅茶包剪開取出紅茶粉末（如p.79圖1），加水混合浸泡約10分鐘備用。
2. 無鹽奶油秤好放在室溫下軟化後，加入糖粉，先用橡皮刮刀稍微攪拌混合，再用攪拌機攪打均勻，呈滑順感即可。
3. 將低筋麵粉篩入做法2中，接著將做法1的紅茶汁（連同紅茶粉末）也加入做法2中，用橡皮刮刀稍微拌合（圖1），即可加入杏仁片，用手抓成均勻的「麵糰」（圖2）。
4. 用手將麵糰整形成厚約3公分的**長塊狀**（圖3），先以上火170℃、下火150℃烘烤約15~20分鐘左右，約五、六分熟即出爐。
5. 將烤過的麵糰完全放涼後，切成厚約0.7公分的薄片（圖4），接著鋪排在烤盤上。
6. 烤箱預熱後，再以上火170℃、下火120℃烘烤約20~25分鐘左右，熄火後繼續用餘溫燜15~20分鐘即可。

- 麵糰是以「糖油拌合法」製作完成，請參考p.12的「流程」。
- 紅茶義式脆餅即義式的Biscotti，以二次烘烤方式完成，口感特別酥脆。
- 杏仁片也可用其他堅果代替，不需事先烘烤。

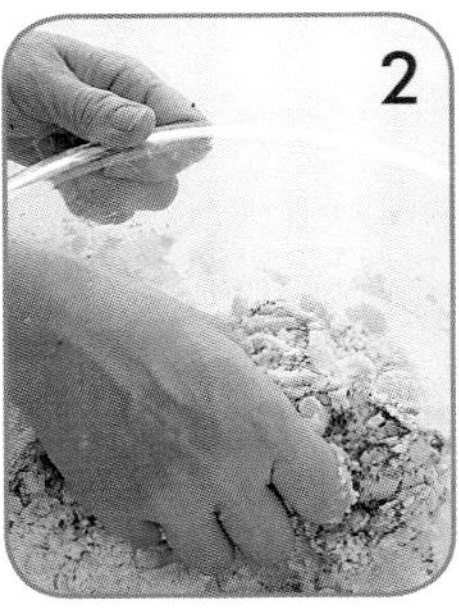

糖油拌合法

葡萄乾捲心酥

分量 約25片

材料 無鹽奶油 60 克　糖粉 40 克　全蛋 25 克　低筋麵粉 140 克　奶粉 15 克

內餡：核桃 50 克　葡萄乾 90 克　蜂蜜 10 克

做法

1. **內餡**：烤箱預熱後，核桃先以上、下火各150℃烘烤約10分鐘左右，放涼後與葡萄乾及蜂蜜用料理機絞碎備用。
2. 無鹽奶油秤好放在室溫下軟化後，加入糖粉，先用橡皮刮刀稍微攪拌混合，再用攪拌機攪拌均勻，呈滑順感即可。
3. 將全蛋攪散後分次加入做法2中，繼續以快速攪打成均勻的「奶油糊」。
4. 將低筋麵粉及奶粉一起篩入奶油糊中，用手抓成均勻的「麵糰」。
5. 將麵糰放在保鮮膜上，先用手將麵糰推開成爲長方形（如p.94圖做法8），再用擀麵棍擀成長約25公分、寬約20公分的**片狀麵糰**。
6. 將做法1的內餡鋪在保鮮膜上，用手攤開成與片狀麵糰類似大小（圖1），再拾起保鮮膜輕輕地覆蓋在麵糰上（圖2），撕除保鮮膜，將餡料稍微整理並輕壓。
7. 將麵糰一端向內摺（圖3），接著拉起保鮮膜，輕輕地將麵糰捲成圓柱體，包好後冷藏約2~3小時左右待凝固。
8. 切成厚約1公分的圓片狀（圖4），鋪排在烤盤上，烤箱預熱後，以上火170℃、下火120℃烘烤約20~25分鐘左右，熄火後繼續用餘溫燜5~10分鐘即可。

提醒一下

- 麵糰是以「糖油拌合法」製作完成，請參考p.12的「流程」。
- 做法1：核桃必須先稍微烤一下，再與葡萄乾及蜂蜜混合絞碎，口感才不會生澀；如無法取得料理機，則必須用刀子盡量切碎。
- 麵糰採用冷藏或冷凍的凝固原則，請看p.90的「掌握的重點」。
- 做法5：麵糰塑形，請參考p.94的「葡萄乾奶油夾心酥」做法8~12。
- 做法6：內餡先鋪在保鮮膜上塑成與片狀麵糰類似大小，即可輕易鋪在麵糰上，只要平均覆蓋，不用刻意攤得非常密實。

約30片

分量

糖油拌合法

咖啡棒

材料 即溶咖啡粉 3 小匙 鮮奶 1 大匙，無鹽奶油 60 克 金砂糖（二砂糖）50 克，低筋麵粉 120 克 泡打粉 1/4 小匙，杏仁粒 30 克

做法

1. 即溶咖啡粉加鮮奶攪拌均勻備用。
2. 無鹽奶油秤好放在室溫下軟化後，加入金砂糖，用攪拌機快速攪打成均勻的「奶油糊」。
3. 將低筋麵粉及泡打粉一起篩入奶油糊中，用橡皮刮刀稍微拌合，即可加入杏仁粒及做法1的咖啡液，用手抓成均勻的「麵糰」。
4. 將麵糰放在保鮮膜上，先用手將麵糰推開成爲長方形（如p.94做法8），再用擀麵棍擀成長約22公分、寬約14公分的片狀麵糰。
5. 擀好後連同保鮮膜放在托盤上，冷藏約1~2小時左右待凝固。
6. 將麵糰橫切爲二，再切成長約7公分、寬約1.5公分的長條狀，接著鋪排在烤盤上。
7. 烤箱預熱後，以上火170℃、下火130℃烘烤約25~30分鐘左右，熄火後繼續用餘溫燜10~15分鐘即可。

提醒一下

- 麵糰是以「糖油拌合法」製作完成，請參考p.12的「流程」。
- 杏仁粒顆粒較小，很容易在麵糰內烤熟，因此在製作前不需要烤過。
- 麵糰採用冷藏或冷凍的凝固原則，請看p.90的「掌握的重點」。
- 做法4~7：麵糰塑形、切割及烘烤，請參考p.94的「葡萄乾奶油夾心酥」做法8~15。

約18片

分量

糖油拌合法

亞麻籽香酥餅乾

材料 亞麻籽 45 克、無鹽奶油 90 克 金砂糖（二砂糖）30 克 鹽 1/4 小匙 楓糖 75 克、低筋麵粉 75 克 全麥麵粉 150 克

做法

1. 烤箱預熱後，先將亞麻籽以上、下火各130℃烘烤約10分鐘左右，放涼後放入塑膠袋內，用擀麵棍稍微敲碎（圖1）。
2. 無鹽奶油秤好放在室溫下軟化後，加入金砂糖及鹽，用攪拌機攪拌均勻，呈滑順感即可。
3. 將楓糖分次加入做法2中（圖2），繼續以快速攪打成均勻的「楓糖奶油糊」。
4. 將低筋麵粉篩入做法3的楓糖奶油糊中，接著加入全麥麵粉及亞麻籽（圖3），用手抓成均勻的「麵糰」。
5. 將麵糰放在保鮮膜上，用擀麵棍擀成厚約0.7公分的片狀。
6. 擀好後連同保鮮膜放在托盤上，冷藏約1~2小時左右待凝固。
7. 用心形刻模在麵糰上刻出心型麵糰（圖4），接著鋪排在烤盤上。
8. 烤箱預熱後，以上火170℃、下火130℃烘烤約25~30分鐘左右，熄火後繼續用餘溫燜10~15分鐘即可。

提醒一下

- 麵糰是以「糖油拌合法」製作完成，請參考p.12的「流程」。
- 麵糰採用冷藏或冷凍的凝固原則，請看p.90的「掌握的重點」。
- 做法5：擀麵糰時，儘量厚度一致。
- 做法7：心形餅乾刻模上下最長處約5公分、左右最長處約5.5公分，可以其他造型刻模代替，在每一次的切割動作中，都需將刻模沾上少許的麵粉，切割時才不易沾黏麵糰；切割後所剩餘的不規則麵糰，可用手再抓成糰狀，接著再重複做法5~7的動作。

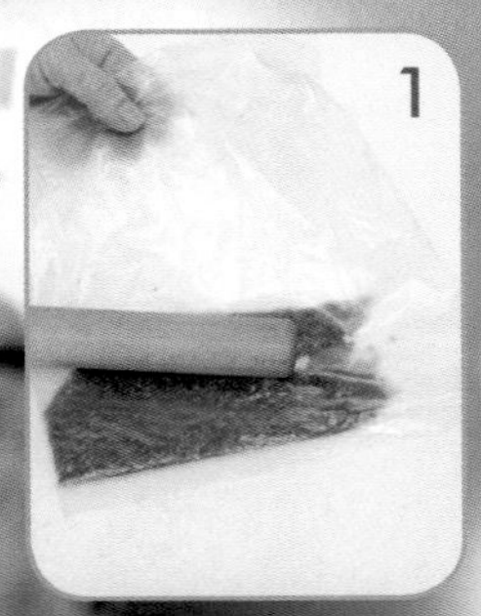
1

2

3

4

油粉拌合法

香辣黑胡椒脆餅

約30片 分量

材料 低筋麵粉 150 克 糖粉 25 克 鹽 1/4 小匙
無鹽奶油 65 克 蛋白 45 克 粗黑胡椒粉 2 小匙 蛋白 1 個（刷麵糰用）

做法

1. 將低筋麵粉及糖粉一起過篩至容器中，再將鹽加入粉料中。
2. 將無鹽奶油切成小塊後加入做法1中，用手搓揉成均勻的鬆散狀。
3. 將蛋白加入做法2中，先用橡皮刮刀稍微混合，即可加入粗黑糊椒粉（圖1），繼續用手抓成均勻的「麵糰」。
4. 將麵糰放在保鮮膜上，用擀麵棍擀成厚約0.8公分的片狀麵糰。
5. 擀好後連同保鮮膜放在托盤上，冷藏約1~2小時左右待凝固。
6. 用直徑約3公分的小花形刻模刻出造型（圖2），接著鋪排在烤盤上，在麵糰表面刷上均勻的蛋白（圖3）。
7. 烤箱預熱後，以上火170℃、下火120℃烘烤約20~25分鐘左右，熄火後繼續用餘溫燜5~10分鐘即可。

1

2

3

提醒一下

- 麵糰是以「油粉拌合法」製作完成，請參考p.16的「流程」。
- 麵糰採用冷藏或冷凍的凝固原則，請看p.90的「掌握的重點」。
- 做法4：擀麵糰時，儘量厚度一致。
- 做法6：小花形刻模可以其他造型刻模代替，在每一次的切割動作中，都需將刻模沾上少許的麵粉，切割時才不易沾黏麵糰；切割後所剩餘的不規則麵糰，可用手再抓成糰狀，接著再重複做法4~6的動作。
- 粗黑胡椒粉的分量可依個人的嗜辣程度做增減。

糖油拌合法

玉米片酥條

約20條 分量

材料 無鹽奶油 100 克 細砂糖 20 克 全蛋 40 克
低筋麵粉 200 克 帕米善（Parmesan）起士粉 10 克 玉米脆片（Corn flake）30 克

做法

1. 無鹽奶油秤好放在室溫下軟化後，加入細砂糖，用攪拌機攪拌均勻，呈滑順感即可。
2. 將全蛋攪散後分次加入做法1中，繼續以快速攪打成均勻的「奶油糊」。
3. 將低筋麵粉篩入奶油糊內，接著加入帕米善起士粉，用橡皮刮刀稍微拌合，即可加入玉米脆片，用手抓成均勻的「麵糰」。
4. 將麵糰放在保鮮膜上，先用手將麵糰推開成爲長方形（如p.94做法8），再用擀麵棍擀成長約22公分、寬約14公分的片狀麵糰。
5. 擀好後連同保鮮膜放在托盤上，冷藏約1~2小時左右待凝固。
6. 用刀切割凝固的麵糰，切成寬約1公分的長條狀，接著鋪排在烤盤上。
7. 烤箱預熱後，以上火170℃、下火130℃烘烤約25~30分鐘左右，熄火後繼續用餘溫燜10~15分鐘即可。

- 麵糰是以「糖油拌合法」製作完成，請參考p.12的「流程」。
- 麵糰採用冷藏或冷凍的凝固原則，請看p.90的「掌握的重點」。
- 做法4~7：麵糰塑形、切割及烘烤，請參考p.94的「葡萄乾奶油夾心酥」做法8~15。

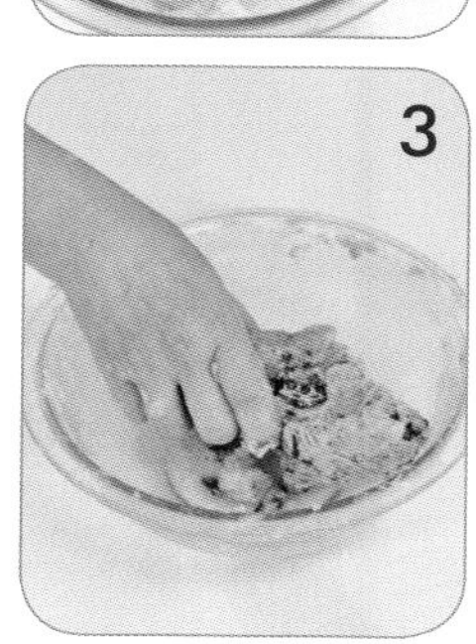

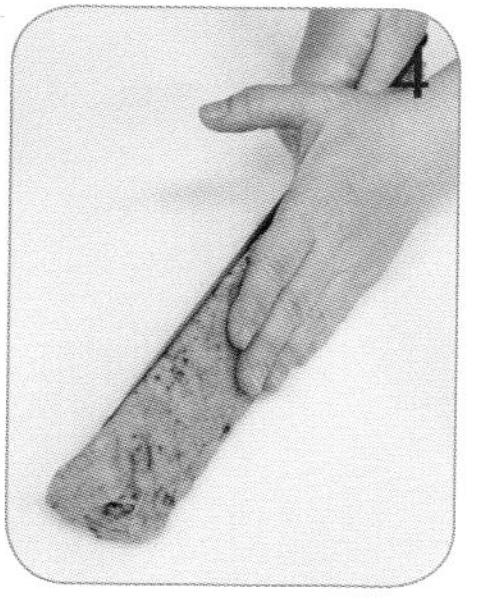

糖油拌合法

OREO奶酥餅乾

約24片 分量

參見DVD示範

材料 OREO巧克力餅乾60克 無鹽奶油65克 糖粉40克 香草精1/4小匙 鮮奶30克 低筋麵粉100克 全麥麵粉80克

做法

1. OREO巧克力餅乾用手掰成小塊備用（圖1）。
2. 無鹽奶油秤好放在室溫下軟化，加入糖粉及香草精，先用橡皮刮刀攪拌均勻，再用攪拌機攪打均勻，呈滑順感即可。
3. 將鮮奶分次加入做法2中（圖2），繼續以快速攪打成均勻的「奶油糊」。
4. 將低筋麵粉篩入奶油糊中，接著加入全麥麵粉，用橡皮刮刀稍微拌合，即可加入OREO巧克力餅乾，再用手抓成均勻的「麵糰」（圖3）。
5. 將麵糰放在工作檯上，用手塑成每邊長約5公分的三角錐體（圖4），再用烘焙紙包好，冷藏約2~3小時待凝固。
6. 用刀切割凝固的麵糰，切成厚約0.8~1公分的三角形（圖5），接著鋪排在烤盤上。
7. 烤箱預熱後，以上火170℃、下火120℃烘烤約25~30分鐘左右，熄火後繼續用餘溫燜10~15分鐘即可。

提醒一下

- 麵糰是以「糖油拌合法」製作完成，請參考p.12的「流程」。
- 麵糰採用冷藏或冷凍的凝固原則，請看p.90的「掌握的重點」。
- 做法5~7：麵糰塑形、切割及烘烤，請參考p.93的「原味冰箱餅乾」做法8~12。

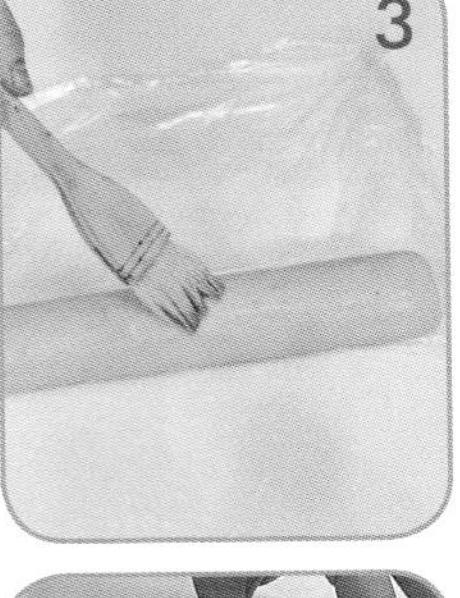

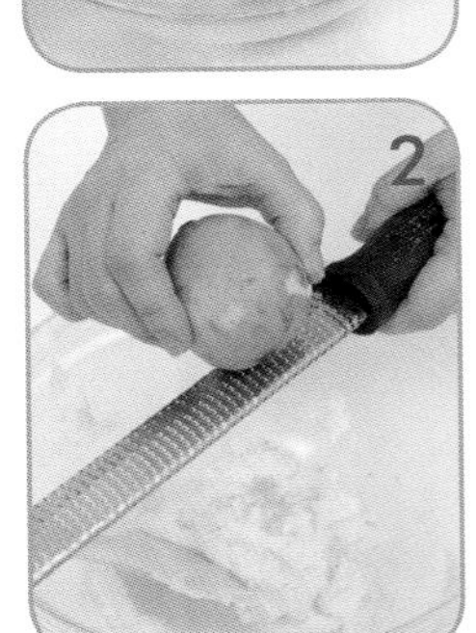

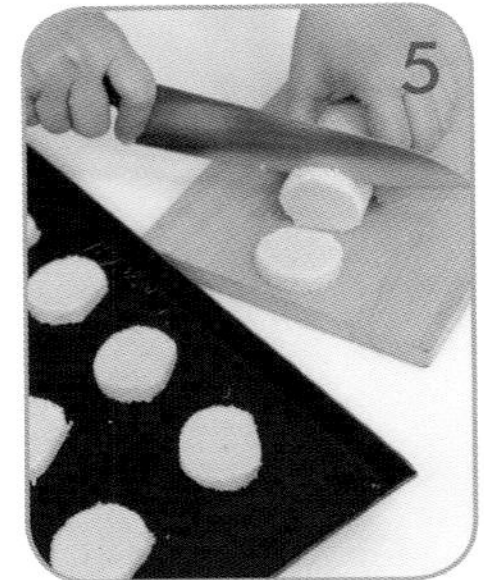

糖油拌合法

檸檬皮砂糖餅乾

分量 約20片

材料 無鹽奶油 **90** 克　糖粉 **80** 克　鮮奶 **20** 克　檸檬 **2** 個　低筋麵粉 **180** 克　杏仁粉 **15** 克

裝飾：蛋白 **1** 個　粗砂糖 **50** 克

做法

1. 無鹽奶油秤好放在室溫下軟化後，加入糖粉，先用橡皮刮刀稍微攪拌混合，再用攪拌機攪打均勻，呈滑順感即可。
2. 將鮮奶分次加入做法1中，繼續以快速攪打成均勻的「奶油糊」（圖**1**），再刨入檸檬皮屑（圖**2**）。
3. 將低筋麵粉篩入做法2中，接著加入杏仁粉，用手抓成均勻的「麵糰」。
4. 將麵糰放在工作檯上，用手輕輕地搓成直徑約4公分的**圓柱體**，再用烘焙紙包好，冷藏約2~3小時待凝固。
5. 將凝固後的麵糰刷上均勻的蛋白（圖**3**），再沾裹上均勻的粗砂糖（圖**4**），並用雙手輕輕地滾動麵糰，使粗砂糖與麵糰緊密黏合。
6. 用刀切割凝固的麵糰，切成厚約1公分的圓片狀（圖**5**），接著鋪排在烤盤上。
7. 烤箱預熱後，以上火170℃、下火130℃烘烤約25~30分鐘左右，熄火後繼續用餘溫燜10~15分鐘即可。

提醒一下

- 麵糰是以「糖油拌合法」製作完成，請參考p.12的「流程」。
- 麵糰採用冷藏或冷凍的凝固原則，請看p90的「掌握的重點」。
- 做法5：麵糰刷上均勻的蛋白即可，不要刻意刷得太厚，否則很容易烘烤過焦。
- 做法4~7：圓柱體麵糰的塑形、切割及烘烤原則，請參考p.93的「原味冰箱餅乾」做法8~12。

糖油拌合法

杏仁西餅

約20片

材料 杏仁豆100克 無鹽奶油80克 糖粉50克 香草精1/2小匙 全蛋15克 低筋麵粉150克 椰子粉25克

做法

1. 烤箱預熱後，杏仁豆先以上、下火各150℃烘烤約10分鐘左右，放涼備用。
2. 無鹽奶油秤好放在室溫下軟化後，加入糖粉及香草精，先用橡皮刮刀稍微攪拌混合，再用攪拌機攪打均匀，呈滑順感即可。
3. 將全蛋加入做法2中，繼續以快速攪打成均匀的「奶油糊」（圖1）。
4. 將低筋麵粉篩入奶油糊中，用橡皮刮刀稍微拌合，即可加入杏仁豆及椰子粉（圖2），用手抓成均匀的「麵糰」。
5. 將麵糰放在工作檯上，用手輕輕地搓成直徑約4公分的**圓柱體**，再用烘焙紙包好，冷藏約2~3小時待凝固。
6. 用刀切割凝固的麵糰，切成厚約1公分的圓片狀（圖3），接著鋪排在烤盤上。
7. 烤箱預熱後，以上火170℃、下火130℃烘烤約25~30分鐘左右，熄火後繼續用餘溫燜10~15分鐘即可。

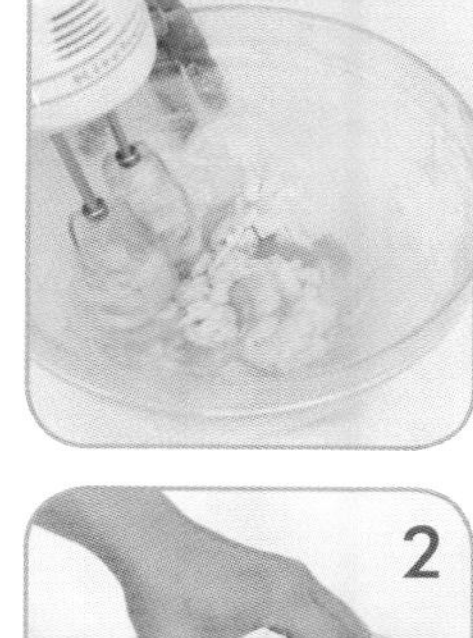

提醒一下

- 麵糰是以「糖油拌合法」製作完成，請參考p.12的「流程」。
- 做法1：杏仁豆先稍微烤一下，只是將水氣烤乾而不是烤熟，注意勿烘烤過度。
- 麵糰採用冷藏或冷凍的凝固原則，請看p.90的「掌握的重點」。
- 做法6：麵糰內含質地較硬的杏仁豆，麵糰需確實凝固，待杏仁豆與麵糰緊密黏合後，切割時才不會鬆散；切割後如麵糰四周呈鬆散狀，可用手再稍微捏緊整形一下（如p.92提醒一下的圖）。
- 做法5~7：麵糰的塑形、切割及烘烤原則，請參考p.93的「原味冰箱餅乾」做法8~12。

糖油拌合法

紅糖核桃脆餅

約18片 分量

材料 生的核桃 **80** 克 無鹽奶油 **50** 克 紅糖 **50** 克（過篩後） 鮮奶 **20** 克 低筋麵粉 **150** 克 奶粉 **15** 克

做法

1. 核桃切小塊備用。
2. 無鹽奶油秤好放在室溫下軟化後，加入紅糖，先用橡皮刮刀稍微攪拌混合，再用攪拌機攪打均勻，呈滑順感即可。
3. 將鮮奶分次加入做法2中，用攪拌機快速攪打成均勻的「奶油糊」（圖1）。
4. 將低筋麵粉及奶粉一起篩入奶油糊中，用橡皮刮刀稍微拌合，即可加入碎核桃（圖2），用手抓成均勻的「麵糰」。
5. 將麵糰放在工作檯上，用手整形成寬約4公分的**正方體**（或圓柱體）（圖3），再用烘焙紙包好，冷藏約2~3小時待凝固。
6. 用刀切割凝固的麵糰，切成厚約1公分的方形片狀，接著鋪排在烤盤上（圖4）。
7. 烤箱預熱後，以上火170℃、下火130℃烘烤約25~30分鐘左右，熄火後繼續用餘溫焖10~15分鐘即可。

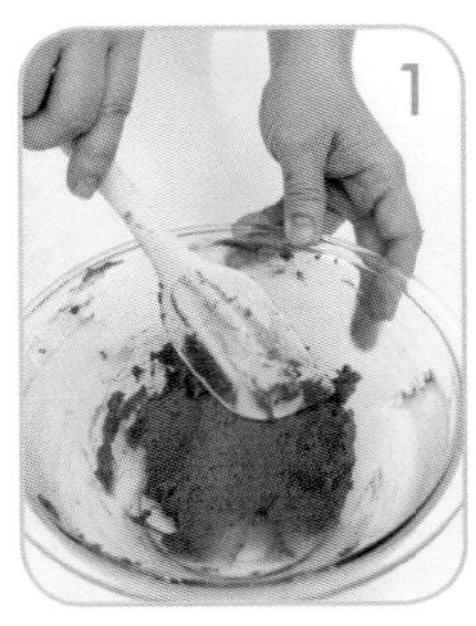
1

2

3

4

提醒一下

- 麵糰是以「糖油拌合法」製作完成，請參考p.12的「流程」。
- 核桃的質地較易烤熟，因此使用前不需烘烤。
- 麵糰採用冷藏或冷凍的凝固原則，請看p.90的「掌握的重點」。
- 做法5~7：麵糰的塑形、切割及烘烤原則，請參考p.93的「原味冰箱餅乾」做法8~12。

糖油拌合法

芋絲餅乾

約24片 分量

材料 芋頭（去皮後）100克　無鹽奶油60克　糖粉50克　香草精1/4小匙　蛋黃15克　低筋麵粉130克

做法

1. 芋頭切成長約1公分的細條狀，用中火蒸約10分鐘左右，放涼後備用（圖1）。
2. 無鹽奶油秤好放在室溫下軟化後，加入糖粉及香草精，先用橡皮刮刀稍微攪拌混合，再用攪拌機攪打拌勻，呈滑順感即可。
3. 將蛋黃加入做法2中，繼續以快速攪打成均勻的「奶油糊」。
4. 將低筋麵粉篩入奶油糊中，用橡皮刮刀稍微拌勻後，即可加入做法1的芋頭（圖2），用手抓成均勻的「麵糰」（圖3）。
5. 將麵糰放在保鮮膜上，用擀麵棍擀成厚約0.5~0.7公分的片狀麵糰。
6. 擀好後連同保鮮膜放在托盤上，冷藏約1~2小時左右待凝固。
7. 用葉子狀的刻模切割凝固後的麵糰，接著鋪排在烤盤上（圖4）。
8. 烤箱預熱後，以上火170℃、下火120℃烘烤約25分鐘左右，熄火後繼續用餘溫燜10~15分鐘即可。

1

2

3

4

提醒一下

- 麵糰是以「糖油拌合法」製作完成，請參考p.12的「流程」。
- 麵糰採用冷藏或冷凍的凝固原則，請看p.90的「掌握的重點」。
- 做法5：擀麵糰時，儘量厚度一致。
- 做法7：葉子狀的刻模最長處約7公分、最寬處約3.5公分；可以其他造型刻模代替，在每一次的切割動作中，都需將刻模沾上少許的麵粉，切割時才不易沾黏麵糰；切割後所剩餘的不規則麵糰，可用手再抓成糰狀，接著再重複做法5~6的動作。
- 如烘烤徹底，水分確實烤乾，成品內的芋絲即呈脆度口感。

油粉拌合法

香鬆鹹酥餅

約55個 分量

材料 低筋麵粉 150克　糖粉 25克　鹽 1/4小匙　無鹽奶油 50克　鮮奶 45克　海苔芝麻香鬆 20克

做法

1. 將低筋麵粉及糖粉一起過篩至容器中，再將鹽加入粉料中。
2. 將無鹽奶油切成小塊後加入做法1中（圖1），用手搓揉成均勻的鬆散狀（圖2）。
3. 將鮮奶加入做法2中，先用橡皮刮刀稍微混合，即可加入海苔芝麻香鬆（圖3），繼續用手抓成均勻的「麵糰」。
4. 將麵糰分割成3等分，放在工作檯上，分別搓成長約30公分的長條狀麵糰（圖4）。
5. 將3條麵糰放在托盤上，冷藏約1~2小時左右待凝固。
6. 用刀切割凝固後的麵糰，切成寬約1.5公分的小麵糰（圖5），接著鋪排在烤盤上。
7. 烤箱預熱後，以上火160℃、下火100℃烘烤約20~25分鐘左右，熄火後繼續用餘溫燜20~25分鐘即可。

提醒一下

- 麵糰是以「油粉拌合法」製作完成，請參考p.16的「流程」。
- 麵糰採用冷藏或冷凍的凝固原則，請看p.90的「掌握的重點」。
- 做法6：儘量將麵糰切成小塊，再以小火慢慢烘烤，才不會瞬間上色烤焦，徹底將麵糰烤乾，成品的口感非常酥脆可口。
- 做法4~7：麵糰的塑形、切割及烘烤原則，請參考p.93的「原味冰箱餅乾」做法8~12。

1

2

3

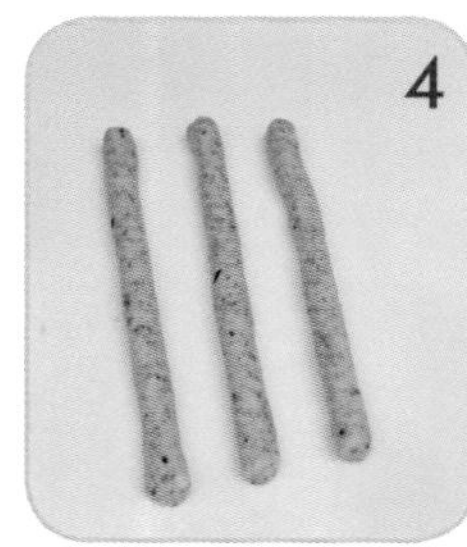
4

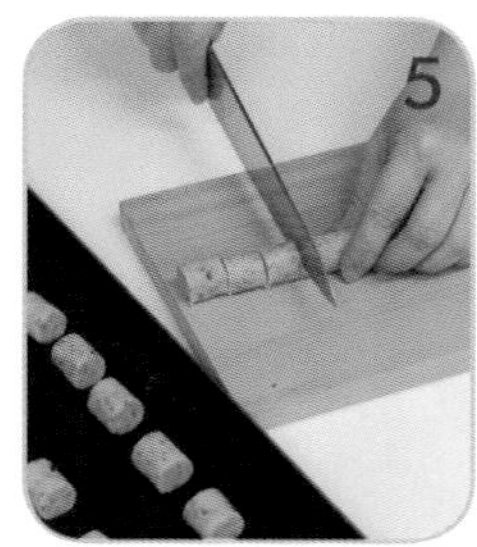
5

油粉拌合法

鹽之花香辣酥餅

分量 約30個

材料 低筋麵粉 160 克　糖粉 35 克　辣椒粉 1/4 小匙　細的黑胡椒粉 1/4 小匙　鹽之花 1/2 小匙　無鹽奶油 90 克　全蛋 20 克　熟的黑芝麻粒 15 克

做法

1. 將低筋麵粉、糖粉及辣椒粉一起過篩至容器中，再將細的黑胡椒粉及鹽之花加入粉料中（圖1）。
2. 將無鹽奶油切成小塊後加入做法1中，用手搓揉成均勻的鬆散狀（圖2）。
3. 將全蛋加入做法2中，先用手（或橡皮刮刀）稍微混合，即可加入黑芝麻粒（圖3），繼續用手抓成均勻的「麵糰」。
4. 將麵糰放在工作檯上，用手塑成每邊長約4公分的**三角錐體**（總長約25公分）（圖4），再用烘焙紙包好冷藏約2~3小時待凝固。
5. 用刀切割凝固的麵糰，切成厚約0.8~1公分的三角形（圖5），接著鋪排在烤盤上。
6. 烤箱預熱後，以上火170℃、下火130℃烘烤約25~30分鐘左右，熄火後繼續用餘溫燜10~15分鐘即可。

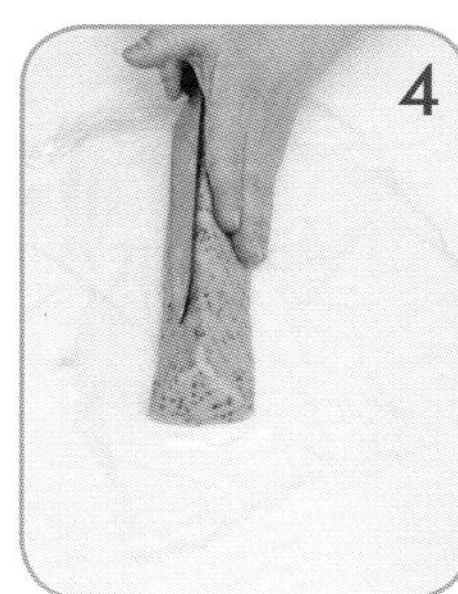

提醒一下

- 麵糰是以「油粉拌合法」製作完成，請參考p.16的「流程」。
- 材料中的鹽之花（如p.38）較一般食用鹽的鹹度略低，口感甘甜，如無法取得，則改用一般海鹽，必須斟酌減量，以免過鹹。
- 麵糰採用冷藏或冷凍的凝固原則，請看p.90的「掌握的重點」。
- 做法4~6：麵糰的塑形、切割及烘烤原則，請參考p.93的「原味冰箱餅乾」做法8~12。

約28片 分量

糖油拌合法

無花果核桃西餅

材料 無花果乾 80 克　核桃 50 克　糖漬桔皮丁 80 克
無鹽奶油 65 克　糖粉 40 克　香草精 1/4 小匙　全蛋 30 克　蘭姆酒 1 小匙（5 克）
低筋麵粉 175 克　杏仁粉 25 克

做法

1. 無花果切成長約1公分的細條狀，核桃掰成小塊備用。
2. 無鹽奶油秤好放在室溫下軟化後，加入糖粉及香草精，先用橡皮刮刀稍微攪拌混合，再用攪拌機攪打均勻，呈滑順感即可。
3. 將全蛋分次加入做法2中（圖1），以快速攪打均勻後，接著加入蘭姆酒，同樣以快速攪打均勻，即成「奶油糊」。
4. 將低筋麵粉篩入奶油糊中，接著加入杏仁粉，用橡皮刮刀稍微拌合（圖2），即可加入無花果乾、核桃及糖漬桔皮丁（圖3），用手抓成均勻的「麵糰」。
5. 將麵糰放在工作檯上，用手塑成長約26公分、寬約5公分、高約3公分的長方體（圖4），再用烘焙紙包好，冷藏約3~4小時待凝固。
6. 用刀切割凝固的麵糰，切成厚約0.8~1公分的片狀麵糰（圖5），接著鋪排在烤盤上。
7. 烤箱預熱後，以上火170℃、下火130℃烘烤約25~30分鐘左右，熄火後繼續用餘溫燜10~15分鐘即可。

提醒一下

- 麵糰是以「糖油拌合法」製作完成，請參考p.12的「流程」。
- 核桃的質地較易烤熟，因此使用前不需烘烤。
- 麵糰採用冷藏或冷凍的凝固原則，請看p.90的「掌握的重點」。
- 做法5~7：麵糰的塑形、切割及烘烤原則，請參考p.93的「原味冰箱餅乾」做法8~12。

1

2

3

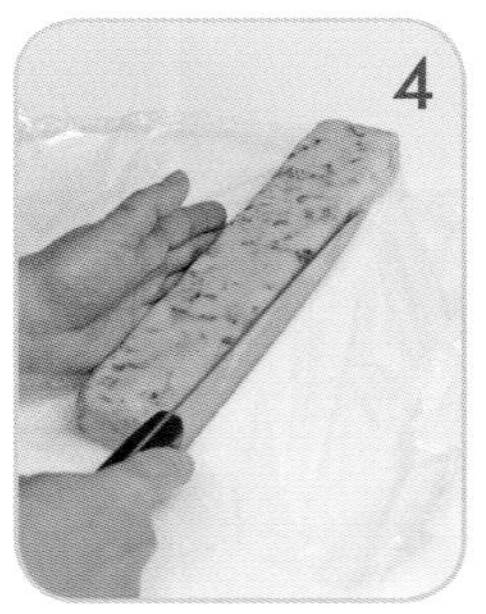
4

5

約18條
分量

液體拌合法

牛奶棒

參見DVD示範

材料 無鹽奶油 50 克 糖粉 80 克 鹽 1/4 小匙 鮮奶 60 克 低筋麵粉 250 克 奶粉 20 克

做法

1. 將無鹽奶油、糖粉及鹽放在同一個煮鍋中，用小火邊加熱邊攪拌，至奶油融化成「奶油糊」，即可熄火，接著加入鮮奶約1/2的分量，用耐熱橡皮刮刀攪拌均勻（**圖1**）。
2. 將低筋麵粉及奶粉分別秤好後放在同一容器中，先將約1/2的分量過篩至做法1中，用橡皮刮刀稍微拌合（圖2）。
3. 再將剩餘的粉料加入做法2中，接著加入剩餘的鮮奶（圖3），用手將所有材料抓成均勻的「麵糰」。
4. 將麵糰放在保鮮膜上，先用手將麵糰推開成為長方形的麵糰，再用擀麵棍將麵糰擀成長約22公分、寬約19公分的**片狀麵糰**（圖4）。
5. 擀好後連同保鮮膜放在托盤上，冷藏約1~2小時左右待凝固。
6. 將凝固後的片狀麵糰切成寬約1~1.5公分的長條狀（圖5）。
7. 將長條狀麵糰直接鋪排在烤盤上，麵糰間需留出約2公分的間距。
8. 烤箱預熱後，以上火170℃、下火120℃烘烤約20~25分鐘左右，熄火後繼續用餘溫燜10~15鐘即可。

- 麵糰是以「液體拌合法」製作完成，材料中的奶油並未攪打成鬆發狀，因此質地的硬度較高，成品的口感會特別脆，請參考p.20的「流程」。
- 做法1：無鹽奶油秤好後可放在室溫下回溫，隔水加熱時，即會快速融化。
- 做法6：切割長條狀前，可先將麵皮四周不整齊部分切除。
- 麵糰採用冷藏或冷凍的凝固原則，請看p.90的「掌握的重點」。
- 做法4~8：麵糰塑形、切割及烘烤，請參考p.94的「葡萄乾奶油夾心酥」做法8~15。

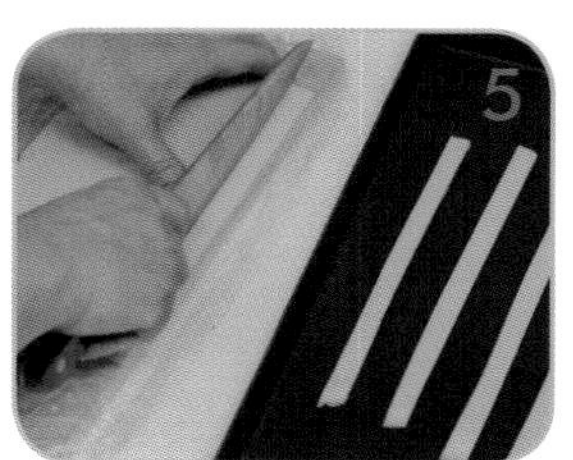

糖油拌合法

紅麴南瓜子餅乾

約35片 分量

材料 無鹽奶油70克　糖粉60克　蛋黃15克（約1個）　鮮奶15克
低筋麵粉150克　紅麴粉10克　南瓜子仁80克

做法

1. 無鹽奶油秤好放在室溫下軟化後，加入糖粉，先用橡皮刮刀稍微攪拌混合，再用攪拌機攪打拌勻，呈滑順感即可。
2. 將蛋黃加入做法1中，以快速攪打均勻，接著將鮮奶分次加入，同樣以快速攪打均勻，即成「奶油糊」。
3. 將低筋麵粉及紅麴粉秤好後放在同一容器中，一起篩入奶油糊中（圖1），用橡皮刮刀稍微拌勻後，即可加入南瓜子仁（圖2），用手抓成均勻的「麵糰」。
4. 將麵糰放在工作檯上，用手輕輕地搓成直徑約3.5公分的圓柱體，再用烘焙紙包好，冷藏約2~3小時待凝固。
5. 用刀切割凝固的麵糰，切成厚約0.8~1公分的圓片狀（圖3），接著鋪排在烤盤上。
6. 烤箱預熱後，以上火170℃、下火130℃烘烤約25~30分鐘左右，熄火後繼續用餘溫燜10~15分鐘即可。

- 麵糰是以「糖油拌合法」製作完成，請參考p.12的「流程」。
- 南瓜子仁的質地較易烤熟，因此使用前不需烘烤。
- 麵糰採用冷藏或冷凍的凝固原則，請看p.90的「掌握的重點」。
- 做法4~6：麵糰塑形、切割及烘烤，請參考p.93的「原味冰箱餅乾」做法8~12。

糖油拌合法

雙色杏仁粒小西餅

約30片 分量

材料 無鹽奶油60克 糖粉50克 全蛋35克
低筋麵粉150克 杏仁粉15克 抹茶粉4克（2小匙） 南瓜粉10克 杏仁粒20克

做法

1. 無鹽奶油秤好放在室溫下軟化後，加入糖粉，先用橡皮刮刀稍微攪拌混合，再用攪拌機攪打拌勻，呈滑順感即可。
2. 將全蛋分次加入做法1中，以快速攪打成均勻的「奶油糊」。
3. 將低筋麵粉篩入奶油糊中，接著加入杏仁粉，用橡皮刮刀稍微拌勻，再用手抓成均勻的「麵糰」。
4. 將麵糰分割成2等分，其中一份麵糰加入抹茶粉及杏仁粒10克，另一份麵糰加入南瓜粉及杏仁粒10克，用手搓揉均勻，即成**抹茶麵糰**及**南瓜麵糰**（圖1）。
5. 將2種麵糰分別搓成長約25公分的圓柱體（圖2），再將2種麵糰編在一起，成爲麻花狀（圖3）。
6. 將編在一起的麵糰放在工作檯上，用雙手輕輕地搓均勻，麵糰即會變長（約30公分）（圖4）。
7. 將圓柱體麵糰用烘焙紙包好，冷藏約2~3小時待凝固。
8. 用刀切割凝固的麵糰，切成厚約0.8~1公分的圓片狀（圖5），接著鋪排在烤盤上。
9. 烤箱預熱後，以上火160℃、下火120℃烘烤約25~30分鐘左右，熄火後繼續用餘溫燜10~15分鐘即可。

- 麵糰是以「糖油拌合法」製作完成，請參考p.12「流程」。
- 杏仁粒尺寸不大，易烤熟，因此使用前不需烘烤。
- 麵糰採用冷藏或冷凍的凝固原則，請看p.90「掌握的重點」。
- 做法6~9：麵糰塑形、切割及烘烤，請參考p.93的「原味冰箱餅乾」做法8~12。

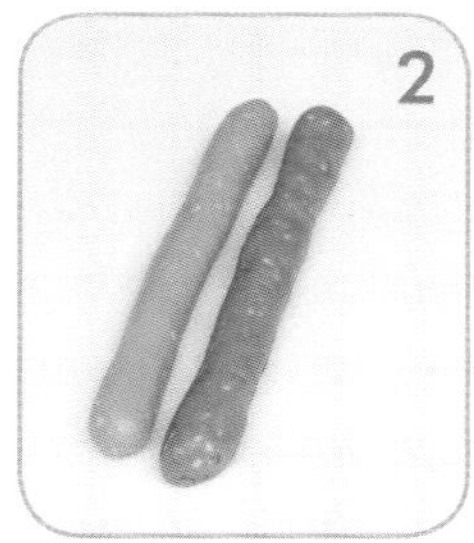

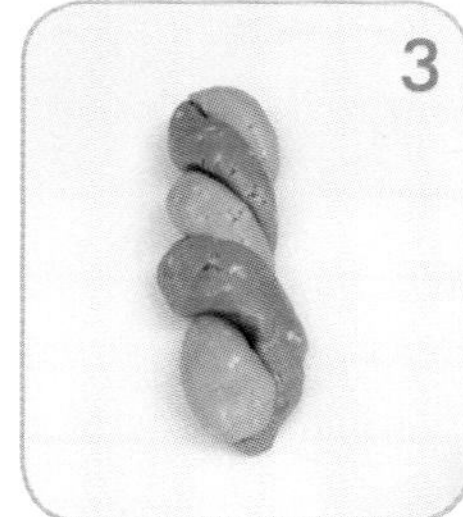

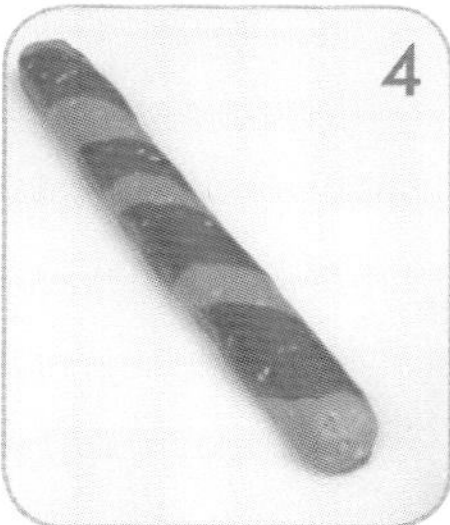

Part 4

擠花餅乾

用手掌控制角度及力道，
很快就能上手！

製作「擠花餅乾」需要一份軟硬適中的「麵糊」，然後藉由各種擠花嘴的紋路與手掌力道的控制，在不同擠花角度的表現下，即會呈現最具造型美的手工餅乾；麵糊製作完成後不需鬆弛，即可直接使用，只要拿起擠花袋，在手掌一收一放間，感受麵糊擠出時的不同姿態，練習幾次後，漸漸地就會上手，甚至也會愛上擠花餅乾的製作樂趣喔！

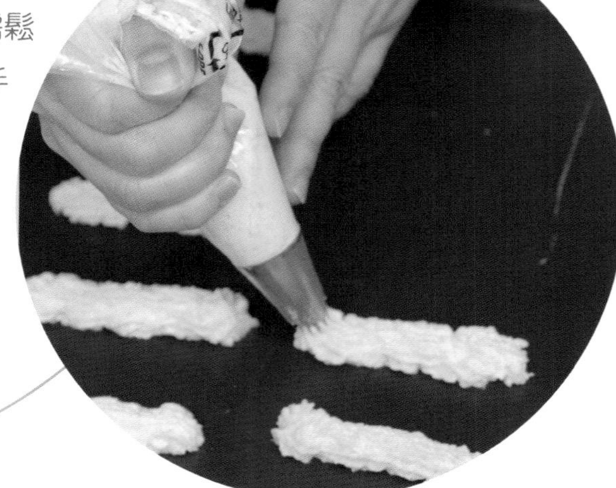

製作的原則

可廣泛利用不同的拌合方式，只要「麵糊」的質地合乎擠花的「條件」即可（請參考p.127「掌握的重點」）；因麵糊溼度高，所以必須利用橡皮刮刀，將濕性與乾性材料混合均勻。

擠花餅乾的麵糰是以「糖油拌合法」及「蛋糖拌合法」製作，請參考p.12及p.18的「流程」。

生料的類別

比「美式簡易餅乾」的麵糊更濕更軟，材料混合時，無法直接用手觸摸拌勻。

擠麵糊的方式

準備擠花嘴

書中的擠花餅乾，是以最常用的「尖齒花嘴」及「平口花嘴」製作，另外比較特殊的「花環大花嘴」，不但外型較大，也具有特殊漂亮的花型。

尖齒花嘴（小型）：頂端呈尖尖的齒狀，有8～9個尖齒，口徑約有0.8公分，可擠出一條條紋路的麵糊，如p.141「椰香酥餅」。

平口花嘴：頂端呈平滑的圈狀，口徑約0.8～1公分，可擠出平滑條狀的麵糊，如p.140「堅果酥」。

尖齒花嘴（大型）：頂端呈尖尖的齒狀，有12個尖齒，口徑約有1公分，擠出的一條條紋路的麵糊較粗，如p.146「杏仁椰子酥條」

花環大花嘴：為壓克力材質，外圈有26個尖齒，中心連接一個圓錐體；擠出的麵糊呈中空的花環狀，可在空心處填上餡料，如p.139的「花環焦糖杏仁餅乾」。

準備擠花袋

白色塑膠擠花袋（圖中下方）

可重複使用的擠花袋，裝入濕軟麵糊，可方便應用於擠花餅乾的製作，最好選用長度約40公分為宜。

透明塑膠擠花袋（圖中上方）

市售有不同材質的透明擠花袋，通常使用過後即丟棄，如材質夠厚實，也可重複使用。

準備擠麵糊

一般在擠製蛋糕的奶油霜飾時，會在擠花袋內先放入「轉換頭」，然後再將擠花嘴拴在擠花袋外（轉換頭的螺紋會暴露在袋口外），以方便在擠花過程中，可以隨時更換花嘴，而擠出不同的奶油花；但用於擠花餅乾時，通常是同一烤盤的擠花餅乾，就用同一款擠花嘴，因此，為了方便性，就將擠花嘴直接放入擠化袋使用。

擠麵糊的流程

Step ①→擠花嘴放入擠花袋內 使用白色塑膠擠花袋，擠花嘴的口徑會露出擠花袋外；如使用透明塑膠擠花袋，則需將麵糊裝好後，再將袋口剪洞。

Step ②→擠花袋上方袋口反摺至1/2處 反摺處以虎口撐開，可方便裝麵糊。

Step ③→將袋口撐開 撐開擠花袋的袋口後，可方便將麵糊裝入袋內。

Step ④→用橡皮刮刀將麵糊刮入袋內 麵糊不可裝太滿，否則很難擠製。

Step ⑤→在擠花袋下方剪一小洞 如果用透明塑膠擠花袋，則需在袋口剪一個小洞，好讓擠花嘴的口徑露出來。

Step ⑥→將麵糊刮到擠花袋下方 用擀麵棍將麵糊刮到接近擠花嘴的出口處，可將袋內的空氣擠出，以方便擠製動作；或用大刮板輕輕地將麵糊刮至擠花嘴出口處，應避免太用力，否則易將擠花袋刮破。

Step ⑦→將袋口扭緊 麵糊才不會從上方擠出來。

Step ⑧→掌握角度開始擠麵糊 掌握角度才能擠出漂亮造型。

【以上擠麵糊的做法，請參考p.129的做法7～14。】

擠麵糊示範

擠製麵糊時，就算熟練度不夠也無妨，但務必要做到正確的「動作」，經常練習後才能順利擠出漂亮的餅乾，請注意以下2個重點動作：

握好擠花袋：一手握住擠花袋的扭緊處，另一手扶著擠花袋下方。

掌握角度：掌握好擠製的「角度」，是成功擠出漂亮造型的首要條件，否則擠出的花型，就失去應有的美感，以下是常用的擠花造型，用於書中的擠花餅乾中，非常實用。

◆平口花嘴

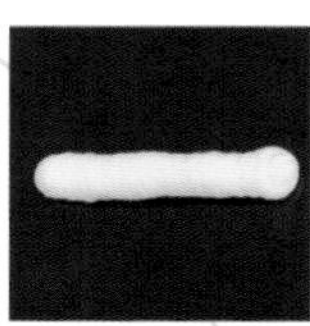

一字型：將擠花嘴放在距離烤盤約0.5～1公分的位置，擠花袋傾斜45度角，由左至右擠出約8公分的長條狀。

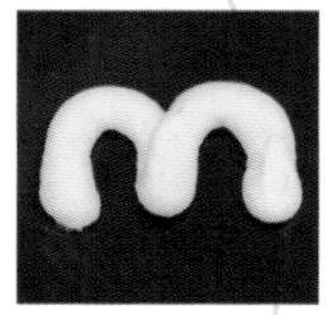

m型：將擠花嘴放在距離烤盤約0.5～1公分的位置，擠花袋傾斜45度角，擠出長約5公分、寬約3公分的m造型。

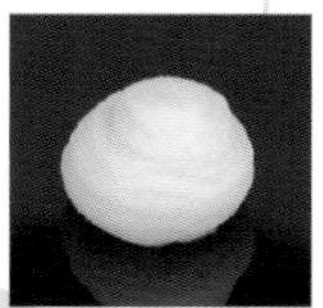

小圓球：將擠花嘴放在距離烤盤約0.5～1.5公分的位置，用力將麵糊以垂直方式定點擠出，麵糊重疊擠出成直徑約2公分的小圓球。

◆尖齒花嘴

螺旋狀：將擠花嘴放在距離烤盤約0.5～1公分的位置，擠花袋稍微傾斜15度角，以順時針方向將麵糊擠在烤盤上，呈螺旋狀。

圈狀：將擠花嘴放在距離烤盤約0.5～1公分的位置，擠花袋稍微傾斜15度角，以順時針方向將麵糊擠在烤盤上，呈中空的圈狀。

S型：將擠花嘴放在距離烤盤約0.5～1公分的位置，以垂直方式擠出長約5公分、寬約3公分的S型。

小花：將擠花嘴放在距離烤盤約0.5公分的位置，以垂直方式擠出直徑約2公分的花形。

彎曲狀：將擠花嘴放在距離烤盤約0.5～1公分的位置，以傾斜45°方式擠出長約6公分、寬約3.5公分的彎曲狀。

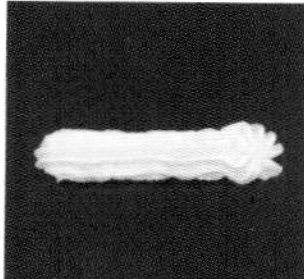

一字型：將擠花嘴放在距離烤盤約1公分的位置，擠花袋傾斜45度角，由左至右擠出長約8公分的長條狀。

心型：將擠花嘴放在距離烤盤約0.5～1公分的位置，擠花袋稍微傾斜15度角，先擠出心形的左半部（或右半部），再擠出右半部（或左半部）。

◆花環大花嘴

中空花環：將擠花嘴貼住烤盤，以垂直方式用力擠出直徑約5公分的中空花環麵糊。

掌握的重點

1.材料中的無鹽奶油要確實回溫軟化，才有助於奶油糊的鬆發性，烤後的成品才能呈現清晰有形的輪廓線條；如製作時的環境溫度過低，攪打奶油與液體材料（如蛋液或鮮奶）不易乳化均勻時，則可將整個容器放進低溫的烤箱中（或微波爐中）稍微加熱數秒鐘，即能順利將「奶油糊」打發。

2.麵糊的軟硬度能順利地從擠花袋內擠出，同時輪廓明顯。

3.拌合後的麵糊滑順細緻，不含粗顆粒或固態的食材。

4.如因環境溫度的影響，麵糊有變硬情形，可將裝有麵糊的容器放在裝有熱水的容器（如鍋具類）之上，利用熱氣加熱使麵糊變軟即可，千萬別加熱過度而使麵糊融化；但勿將容器底部直接接觸熱水，以免溫度過高將麵糊內的材料熟化，而影響製作品質。

烘烤的訣竅

烘烤溫度仍以「上火大、下火小」為原則，參考溫度為上火約160℃～170℃、下火約130～150℃，烘烤時間約25～30分鐘左右，熄火後繼續用餘溫燜約5～10分鐘左右；但需注意麵糊的大小，跟烘烤時間成正比，其他的注意事項請參考p.28的「正確的烘烤」。

糖油拌合法

原味奶酥餅乾

分量 約24片

材料 無鹽奶油 80 克　糖粉 60 克　香草精 1/4 小匙　全蛋 40 克　低筋麵粉 100 克　奶粉 20 克

做法 以下的製作過程與說明，可供「擠花餅乾」參考，屬於「糖油拌合法」。

製作奶油糊

1. 無鹽奶油秤好放在容器內於室溫下軟化，也可順便將糖粉及香草精加入備用。

▶奶油軟化請參考p.12「做法1」及p. 24「奶油要事先軟化」。

2. 先用橡皮刮刀稍微攪拌混合。

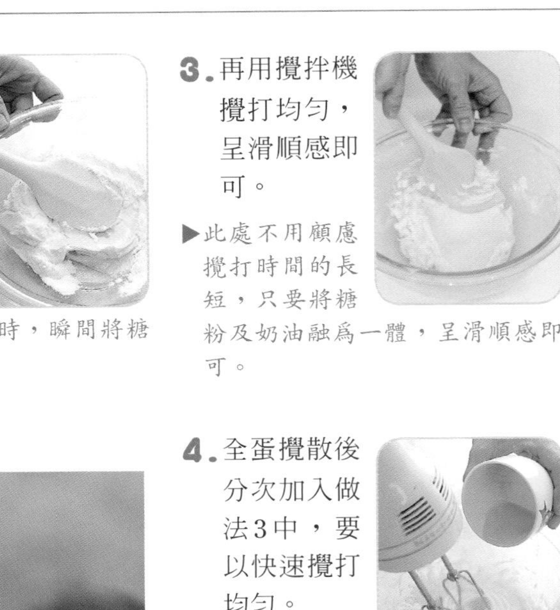

▶先用橡皮刮刀將糖粉與奶油稍微攪拌混合，就能避免電動攪拌機在攪打時，瞬間將糖粉噴出容器之外。

3. 再用攪拌機攪打均勻，呈滑順感即可。

▶此處不用顧慮攪打時間的長短，只要將糖粉及奶油融爲一體，呈滑順感即可。

4. 全蛋攪散後分次加入做法3中，要以快速攪打均勻。

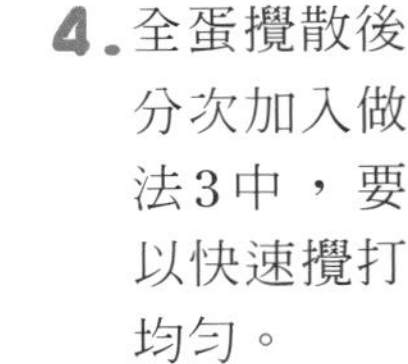

▶每次加入蛋液時，都要確實地融入奶油中，才能繼續加入蛋液，應避免加得太快而造成油水分離現象；慢慢加蛋液的同時，可持續攪打，不用刻意將機器停下來。

5. 持續快速攪打，成爲光滑細緻且顏色稍微變淡的「奶油糊」。

▶必須適時地停下機器，用橡皮刮刀刮一下容器四周及底部沾黏的材料，有關「奶油糊」，請參考p.13「糖油拌合法」的做法4。

篩入粉料→成麵糊

6. 將低筋麵粉及奶粉一起篩入奶油糊中，用橡皮刮刀以不規則的方向拌成均勻的「麵糊」。

▶可利用小篩網直接將麵粉及奶粉一起篩入奶油糊中，或事先將2種粉料一起過篩備用；過篩時，如有最後殘留在篩網上的粗顆粒，也必須用手搓一搓通過篩網，才不會造成粉料的損耗，而影響製作品質。不要同一方向用力轉圈亂攪，以防止麵糰出筋而影響口感，請參考p.14「何謂出筋？」及p.25「麵糊……正確的拌合」。

準備擠麵糊

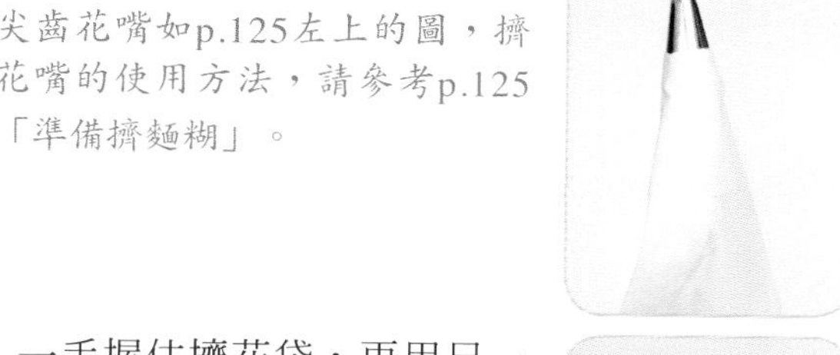

7. 將尖齒花嘴裝入擠花袋內。

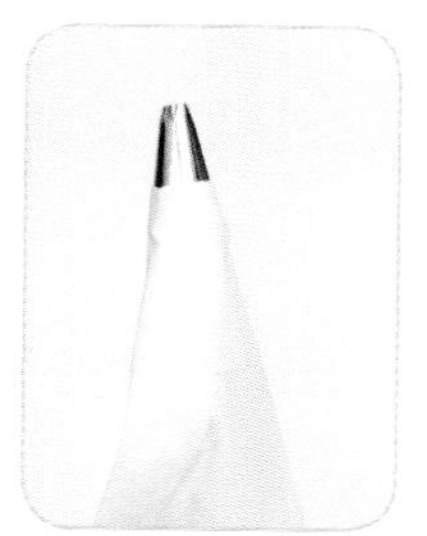

▶尖齒花嘴如p.125左上的圖，擠花嘴的使用方法，請參考p.125「準備擠麵糊」。

8. 一手握住擠花袋，再用另一隻手將擠花袋的袋口反摺至1/2處，用虎口支撐。

▶擠花袋的使用方法，請參考p.126「擠麵糊的流程」。

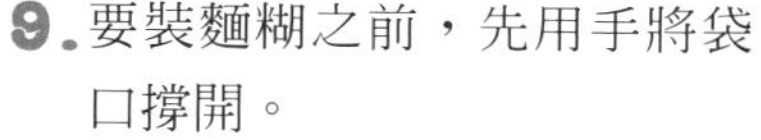

9. 要裝麵糊之前，先用手將袋口撐開。

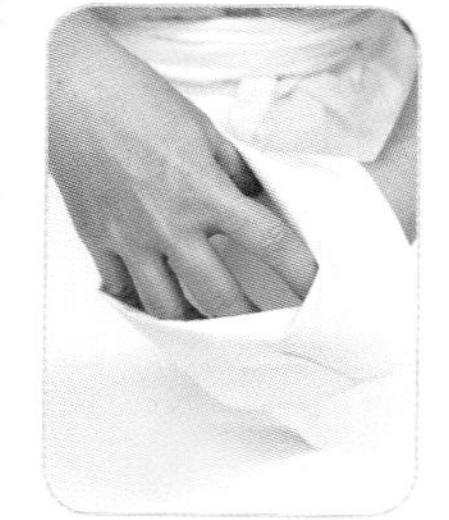

▶撐開擠花袋後，可方便將麵糊裝入袋內。

10. 用橡皮刮刀將麵糊刮入擠花袋內。

▶1.建議先將麵糊1/2的分量裝入擠花袋內，以方便擠製；請參考p.126「擠麵糊的流程」。

2.如果用透明塑膠擠花袋，則需在袋口剪一個小洞，好讓擠花嘴的口徑露出來。

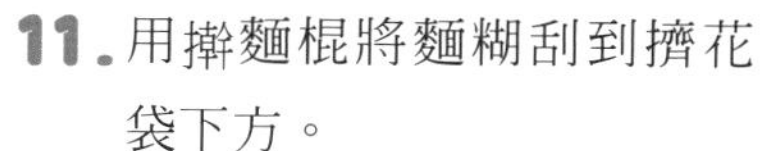

11. 用擀麵棍將麵糊刮到擠花袋下方。

▶將麵糊刮到接近擠花嘴的出口處，可將袋內的空氣擠出，以方便擠製動作。

開始擠麵糊

12. 開始擠麵糊時，將擠花袋的袋口扭緊。

▶擠麵糊的方法，請參考p.126「擠麵糊的流程」。

13. 一手握住擠花袋的袋口扭緊處，另一手扶著擠花袋下方。

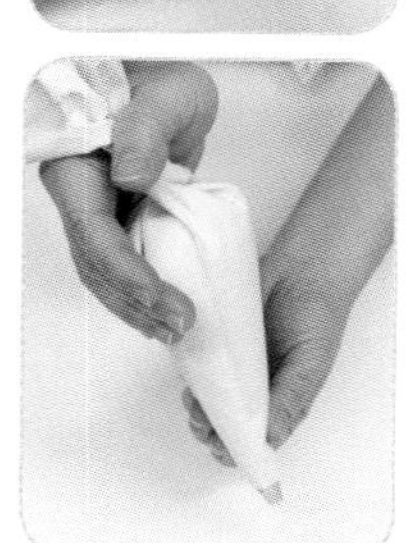

▶一手擠、一手支撐，才能控制擠製的穩定度。

14. 將擠花嘴放在距離烤盤約0.5~1公分的位置，擠花袋稍微傾斜15度角，以順時針方向將麵糊擠在烤盤上，呈直徑約4公分的螺旋狀。

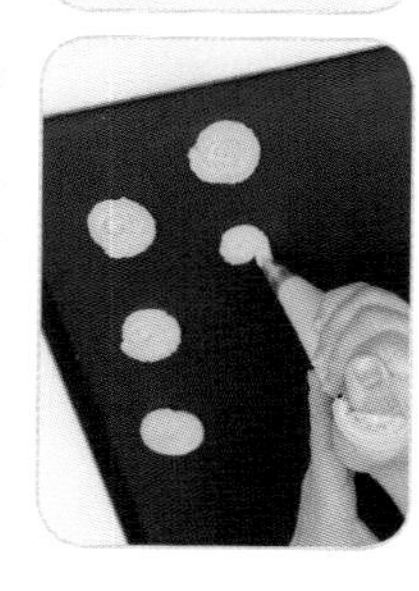

▶請參考p.126「擠麵糊示範」。

烘烤

15. 烤箱預熱後，以上火170℃、下火130℃烘烤約20分鐘左右呈金黃色，熄火後繼續用餘溫燜5~10分鐘。

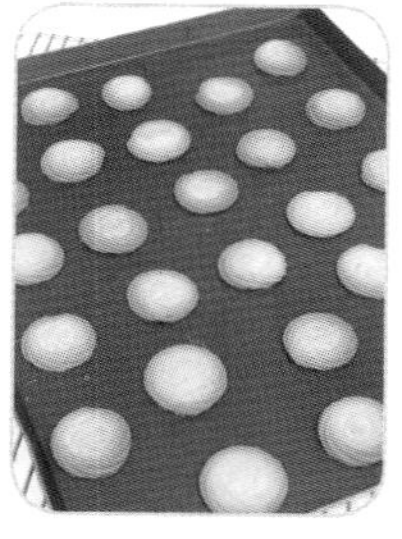

▶注意上色狀況，烤溫與時間要靈活運用，請參考p.28「正確的烘烤」。

▶麵糊是以「糖油拌合法」製作完成，請參考p.12的「流程」。

1

2

3

4

糖油拌合法

卡魯哇小西餅

約45個 分量

參見 DVD 示範

材料 卡魯哇咖啡酒（Kahlua）1大匙　即溶咖啡粉2小匙　無鹽奶油70克　糖粉50克　全蛋30克　低筋麵粉100克　杏仁粉15克　夏威夷豆45克（裝飾）

做法

1. 卡魯哇咖啡酒與即溶咖啡粉混合攪勻備用（圖1）。
2. 無鹽奶油秤好放在容器內於室溫下軟化，加入糖粉，先用橡皮刮刀稍微攪拌混合，再用攪拌機攪打均勻。
3. 將全蛋分次加入做法2中，繼續以快速攪打成均勻的奶油糊。
4. 將做法1的材料加入做法3的材料中（圖2），繼續以快速攪打成均勻的「咖啡奶油糊」。
5. 將低筋麵粉篩入咖啡奶油糊中，接著加入杏仁粉，用橡皮刮刀以不規則的方向拌成均勻的「麵糊」（圖3）。
6. 將尖齒花嘴裝入擠花袋內，再裝入麵糊，將擠花嘴放在距離烤盤約0.5~1公分的位置，擠花袋稍微傾斜15度角，以順時針方向擠出直徑約2.5公分的**螺旋狀**。
7. 將半顆的夏威夷豆放在麵糊表面（圖4）。
8. 烤箱預熱後，以上火170℃、下火130℃烘烤約20~25分鐘左右，熄火後繼續用餘溫燜10~15分鐘左右。

提醒一下

- 麵糊是以「糖油拌合法」製作完成，請參考p.12的「流程」。
- 做法6：尖齒花嘴如p.125左上的圖，請參考p.125的「擠麵糊的方式」。
- 夏威夷豆也可用其他堅果代替，但都不需事先烤熟。
- 做法8：請參考p.28「正確的烘烤」。

糖油拌合法

胚芽起士圈餅

約25個 分量

材料 無鹽奶油80克 糖粉50克 動物性鮮奶油35克 低筋麵粉100克 小麥胚芽15克 帕米善（Parmesan）起士粉5克（即1又1/2小匙） 杏仁片適量（裝飾）

做法

1. 無鹽奶油秤好放在容器內於室溫下軟化，加入糖粉，先用橡皮刮刀稍微攪拌混合，再用攪拌機攪打均勻。
2. 將動物性鮮奶油分次加入做法1中，繼續以快速攪打成均勻的「奶油糊」（圖1）。
3. 將低筋麵粉篩入奶油糊中，接著加入小麥胚芽及帕米善起士粉（圖2），用橡皮刮刀以不規則的方向拌成均勻的「麵糊」（圖3）。
4. 將尖齒花嘴裝入擠花袋內，再裝入麵糊，將擠花嘴放在距離烤盤約0.5~1公分的位置，擠花袋稍微傾斜15度角，以順時針方向擠出直徑約4.5公分的圈狀（圖4）。
5. 將杏仁片插在麵糊表面。
6. 烤箱預熱後，以上火170℃、下火130℃烘烤約20~25分鐘左右，熄火後繼續用餘溫燜10~15分鐘左右。

- 麵糊是以「糖油拌合法」製作完成，請參考p.12的「流程」。
- 做法4：尖齒花嘴如p.125左上的圖，請參考p.125的「擠麵糊的方式」。
- 杏仁片也可用杏仁粒或其他堅果代替，但都不需事先烤熟。
- 做法6：請參考p.28「正確的烘烤」。

糖油拌合法

檸檬優格餅乾

分量 約45片

材料 無鹽奶油 100 克　糖粉 70 克　原味優格 60 克　奶粉 20 克　檸檬 1 個　低筋麵粉 100 克　杏仁粉 20 克

做法

1. 無鹽奶油秤好放在室溫下軟化後，加入糖粉，先用橡皮刮刀稍微攪拌混合，再用攪拌機攪打均勻。
2. 將原味優格分次加入做法1中（圖1），接著加入奶粉，並刨入檸檬皮屑（圖2），繼續以快速攪打成均勻的「奶油糊」。
3. 將低筋麵粉篩入奶油糊中，接著加入杏仁粉，用橡皮刮刀以不規則的方向拌成均勻的「麵糊」。
4. 將尖齒花嘴裝入擠花袋內，再裝入麵糊，將擠花嘴放在距離烤盤約0.5~1公分的位置，擠花袋稍微傾斜15度角，擠出長約5公分、寬約3公分的**S型**（圖3）。
5. 烤箱預熱後，以上火160℃、下火130℃烘烤約20~25分鐘左右，熄火後繼續用餘溫燜5~10分鐘左右。

- 麵糊是以「糖油拌合法」製作完成，請參考p.12的「流程」。
- 做法2：加完原味優格後，接著加入奶粉快速打發，可避免優格奶油糊出現油水分離現象；檸檬皮屑是指檸檬的表皮部分，不可刮到白色筋膜，以免苦澀，分量可依個人喜好作增減。
- 用低溫慢烤方式烘烤，較可保持檸檬與優格的原有風味。
- 做法4：尖齒花嘴如p.125左上的圖，請參考p.125的「擠麵糊的方式」。
- 做法5：請參考p.28「正確的烘烤」。

1

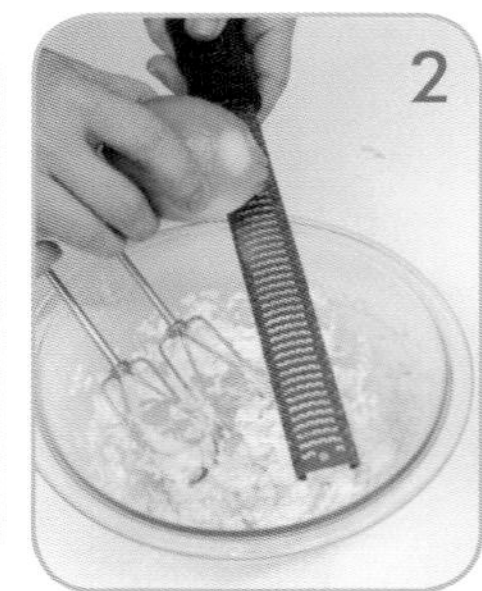
2

3

糖油拌合法

南瓜泥小餅乾

分量 約90片

材料 無鹽奶油 100克　糖粉 50克　全蛋 50克　低筋麵粉 100克　南瓜粉 20克　奶粉 10克　南瓜子仁 20克

做法

1. 無鹽奶油秤好放在室溫下軟化後，加入糖粉，先用橡皮刮刀稍微攪拌混合，再用攪拌機攪打均勻。
2. 將全蛋攪散後分次加入做法1中（圖1），繼續以快速攪打成均勻的「奶油糊」。
3. 將低筋麵粉、南瓜粉及奶粉一起篩入奶油糊中，用橡皮刮刀以不規則的方向拌成均勻的「麵糊」。
4. 將尖齒花嘴裝入擠花袋內，再裝入麵糊，將擠花嘴放在距離烤盤約0.5公分的位置，以垂直方式擠出直徑約2公分的**花形**（圖2），再將南瓜子仁貼在麵糊表面（圖3）。
5. 烤箱預熱後，以上火170℃、下火130℃烘烤約20分鐘左右，熄火後繼續用餘溫燜10~15分鐘左右。

提醒一下

- 麵糊是以「糖油拌合法」製作完成，請參考p.12的「流程」。
- 做法4：尖齒花嘴如p.125左上的圖，直徑約2公分的花形麵糊，尺寸很小，很容易烤熟，注意需以低溫烘烤，避免烤焦；請參考p.125的「擠麵糊的方式」。
- 做法5：請參考p.28「正確的烘烤」。

約30片 分量

糖油拌合法

雙色曲線酥

材料 無鹽奶油 80 克　糖粉 60 克　香草精 1/4 小匙　蛋白 40 克
低筋麵粉 120 克　杏仁粉 15 克　無糖可可粉 2 小匙

做法

1. 無鹽奶油秤好放在室溫下軟化後，加入糖粉及香草精，先用橡皮刮刀稍微攪拌混合，再用攪拌機攪打均勻。
2. 將蛋白攪散後分次加入做法1中（圖1），繼續以快速攪打成均勻的「奶油糊」（圖2）。
3. 將低筋麵粉篩入做法2的奶油糊中，接著加入杏仁粉，用橡皮刮刀以不規則的方向拌成均勻的「麵糊」。
4. 取做法3的麵糊約85克，加入無糖可可粉，用湯匙拌勻，即成**可可麵糊**。
5. 將尖齒花嘴裝入擠花袋內，再將可可麵糊與做法3的麵糊分別裝入擠花袋內的兩邊（圖3），將擠花嘴放在距離烤盤約0.5~1公分的位置，擠花袋傾斜45度角，擠出長約6公分、寬約3.5公分的**彎曲狀**（圖4）。
6. 烤箱預熱後，以上火170℃、下火130℃烘烤約25分鐘左右，熄火後繼續用餘溫燜10~15分鐘左右。

1

2

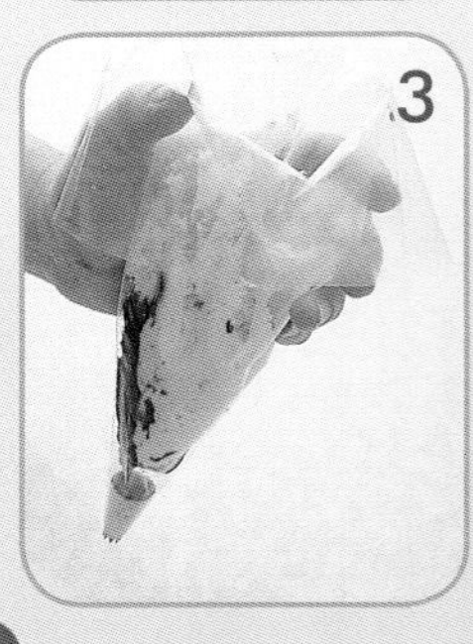
3

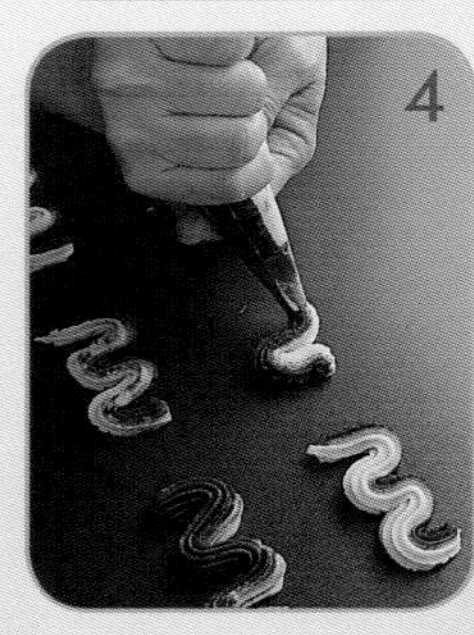
4

提醒一下

- 麵糊是以「糖油拌合法」製作完成，請參考p.12的「流程」。
- 材料中的無糖可可粉也可改用抹茶粉代替，會呈現不同效果。
- 要擠出雙色的麵糊，不需要稍微拌合，直接將2種顏色的麵糊分別裝入袋內兩邊，擠出的麵糊才會出現對比的雙色。
- 做法5：尖齒花嘴如p.125左上的圖，請參考p.125的「擠麵糊的方式」。
- 做法6：請參考p.28「正確的烘烤」。

約25片
分量

糖油拌合法

糖蜜杏仁酥

材料 無鹽奶油100克 糖粉60克 香草精1/4小匙 全蛋40克 低筋麵粉100克 杏仁粉30克 糖蜜（Molasses）10克

做法

1. 無鹽奶油秤好放在室溫下軟化後，加入糖粉及香草精，先用橡皮刮刀稍微攪拌混合，再用攪拌機攪打均勻。
2. 將全蛋攪散後分次加入做法1中，繼續以快速攪打成均勻的「奶油糊」。
3. 將低筋麵粉篩入奶油糊中，接著加入杏仁粉，用橡皮刮刀以不規則的方向拌成均勻的「麵糊」（圖1）。
4. 取做法3的麵糊約40克與糖蜜混合均勻，即成**糖蜜麵糊**（圖2）。
5. 將尖齒花嘴裝入擠花袋內，再裝入麵糊，將擠花嘴放在距離烤盤約0.5~1公分的位置，擠花袋稍微傾斜15度角，以順時針方向擠出直徑約4公分的**螺旋狀**。
6. 將做法4的糖蜜麵糊裝入紙袋內（或塑膠袋內），並在袋口剪一小洞，直接將糖蜜麵糊擠出平行交叉線條在螺旋麵糊的表面（圖3）。
7. 烤箱預熱後，以上火170℃、下火130℃烘烤約20~25分鐘左右，熄火後繼續用餘溫燜5~10分鐘左右。

- 麵糊是以「糖油拌合法」製作完成，請參考p.12的「流程」。
- 做法5：尖齒花嘴如p.125左上的圖，請參考p.125的「擠麵糊的方式」。
- 做法6：螺旋麵糊上擠出的平行交叉線條，也可依個人的喜好變化造型。

糖油拌合法

番茄小酥餅

分量 約24片

材料 無鹽奶油 60 克　糖粉 60 克　全蛋 30 克　番茄糊 30 克
低筋麵粉 90 克　杏仁粉 10 克　開心果（切碎）10 克（裝飾用）

做法

1. 無鹽奶油秤好放在室溫下軟化後，加入糖粉，先用橡皮刮刀稍微攪拌混合，再用攪拌機攪打均勻。
2. 將全蛋分次加入做法1中，繼續以快速攪打成均勻的奶油糊。
3. 將番茄糊加入做法2的奶油糊中（圖1），同樣以快速攪打均勻，即成「番茄奶油糊」。
4. 將低筋麵粉篩入番茄奶油糊中，接著加入杏仁粉，用橡皮刮刀以不規則的方向拌成均勻的「麵糊」（圖2）。
5. 將尖齒花嘴裝入擠花袋內，再裝入麵糊，將擠花嘴放在距離烤盤約0.5~1公分的位置，擠花袋稍微傾斜15度角，先擠出心形的一邊（圖3），接著再擠出心形另一邊（圖4），並在表面撒上切碎的開心果。
6. 烤箱預熱後，以上火170℃、下火130℃烘烤約20分鐘左右，熄火後繼續用餘溫燜10~15分鐘即可。

1

2

3

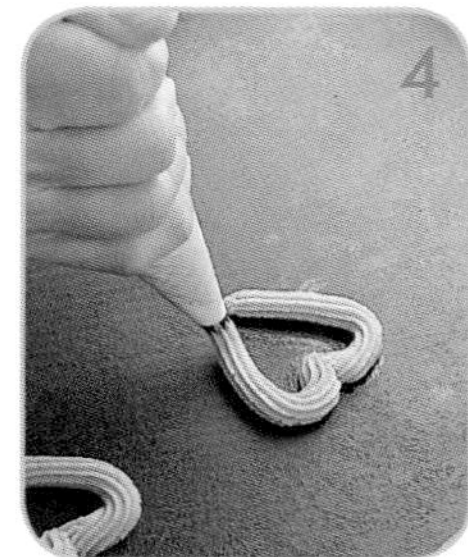
4

提醒一下

- 麵糊是以「糖油拌合法」製作完成，請參考p.12的「流程」。
- 做法5：尖齒花嘴如p.125左上的圖，請參考p.125的「擠麵糊的方式」。
- 做法5：心形造型是利用尖齒花嘴先擠出心形的左半部（或右半部），再擠出右半部（或左半部）均可。
- 用低溫慢烤方式烘烤，較可保持原有的鮮豔色澤，如感覺不易烤乾熟透，最後可用餘溫多燜數分鐘。

蛋糖拌合法

奶黃手指餅乾

約25個 分量

材料 蛋白50克 細砂糖25克 蛋黃15克 低筋麵粉20克 帕米善（Parmesan）起士粉5克 糖粉適量（裝飾）

做法

1. 用攪拌機將蛋白打成粗泡狀後，再分3次加入細砂糖，繼續以快速攪打至成爲滑順細緻且不會流動的蛋白霜，尖端會呈現彎勾狀（圖1）。
2. 將蛋黃加入做法1的蛋白霜中，繼續用攪拌機快速攪勻（圖2）。
3. 將低筋麵粉篩入做法2中，接著加入帕米善起士粉（圖3），用橡皮刮刀將粉料壓入蛋白霜內，再配合翻拌動作，將粉料與蛋白霜拌成均勻的「麵糊」。
4. 將平口花嘴裝入擠花袋內，再裝入麵糊，將擠花嘴放在距離烤盤約1公分的位置，擠花袋稍微傾斜45度角，由左至右擠出約8公分的**長條狀**（圖4），並在表面均勻地篩些糖粉（圖5）。
5. 烤箱預熱後，以上火170℃、下火150℃烘烤約20分鐘左右，熄火後繼續用餘溫燜5~10分鐘左右。

提醒一下

- 麵糊是以「蛋糖拌合法」製作完成，請參考p.18的「流程」。
- 材料中未含任何油脂，麵糊經烘烤受熱後，成品較易沾黏在烤盤上，因此需在烤盤上放一張烘焙紙或耐高溫烤布；成品烘烤完成後，需趁熱剷起。
- 做法4：平口花嘴如125右上的圖，請參考p.125的「擠麵糊的方式」。
- 做法5：請參考p.28「正確的烘烤」。

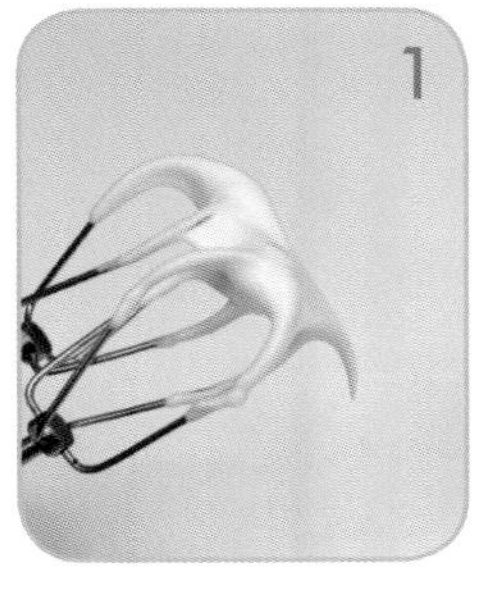
1

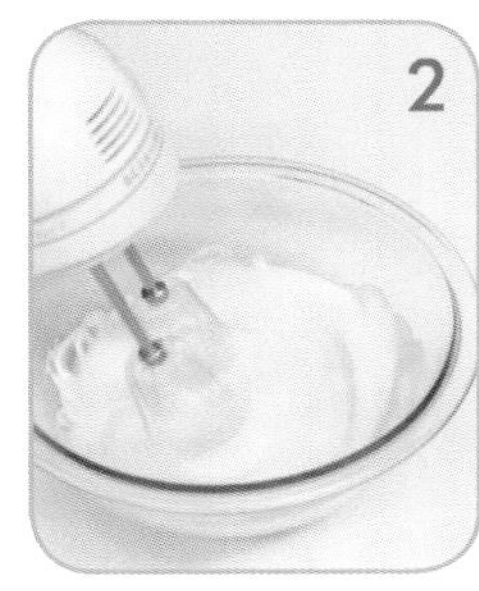
2

3

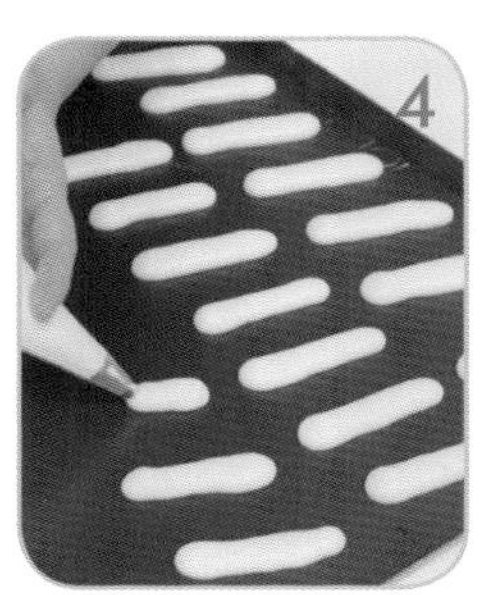
4

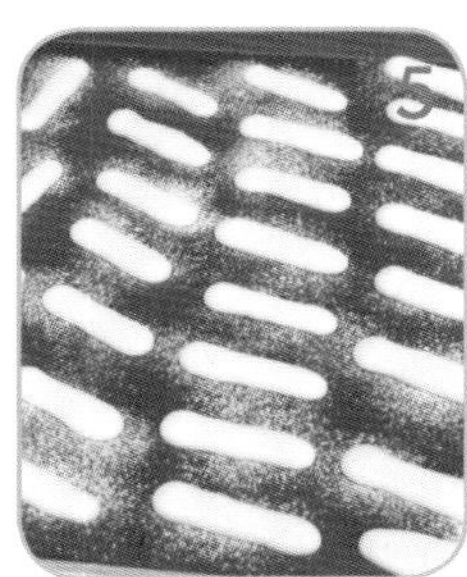
5

約40片 分量

糖油拌合法

紅糖奶酥餅乾

材料 無鹽奶油 80 克　紅糖 50 克（過篩後）　鹽 1/8 小匙　全蛋 35 克，低筋麵粉 100 克　杏仁粉 25 克，水滴形巧克力豆 (小顆粒)5 克

做法

1. 無鹽奶油秤好放在室溫下軟化後，加入紅糖及鹽，先用橡皮刮刀稍微攪拌混合，再用攪拌機攪打均勻。
2. 將全蛋分次加入做法1中，繼續以快速攪打成均勻的「奶油糊」。
3. 將低筋麵粉篩入做法2的奶油糊中，接著加入杏仁粉，用橡皮刮刀以不規則的方向拌成均勻的「麵糊」（圖1）。
4. 將尖齒花嘴裝入擠花袋內，再裝入麵糊，將擠花嘴放在距離烤盤約0.5公分的位置，以垂直方式將麵糊擠出成直徑約4公分的**花型**（圖2）。
5. 在花型麵糊的中心處，放一粒水滴形巧克力豆（圖3）。
6. 烤箱預熱後，以上火170℃、下火130℃烘烤約20~25分鐘左右，熄火後繼續用餘溫燜5~10分鐘即可。

提醒一下

- 麵糊是以「糖油拌合法」製作完成，請參考p.12的「流程」。
- 做法4：尖齒花嘴如p.125左下的圖；請參考p.125的「擠麵糊的方式」。
- 做法6：請參考p.28「正確的烘烤」。

糖油拌合法

花環焦糖杏仁餅乾

分量 約16片

材料 A. 無鹽奶油75克 糖粉50克 蛋白35克 低筋麵粉120克 杏仁粉15克

B. 內餡：金砂糖（二砂糖）30克 葡萄糖漿30克（或果糖20克） 無鹽奶油15克 生的杏仁片30克

做法

1. 材料A：無鹽奶油秤好放在室溫下軟化後，加入糖粉，先用橡皮刮刀稍微攪拌混合，再用攪拌機攪打均勻。
2. 蛋白攪散後分次加入做法1中，繼續以快速攪打成均勻的「奶油糊」。
3. 將低筋麵粉篩入奶油糊中，接著加入杏仁粉，用橡皮刮刀以不規則的方向拌成均勻的「麵糊」。
4. 內餡：金砂糖加葡萄糖漿用小火加熱，煮至均勻並稍微冒泡，再分別加入奶油（圖1）及切碎的杏仁片（圖2），用木匙或大湯匙邊煮邊攪至湯汁稍稍收乾即可熄火。
5. 將花環大花嘴裝入擠花袋內，再裝入麵糊，將擠花嘴貼住烤盤，以垂直方式擠出直徑約5公分的**中空花環狀**（圖3）。
6. 用小湯匙取出適量的內餡，填在麵糊的中心處（圖4）。
7. 烤箱預熱後，以上火180℃、下火150℃烘烤約25~30分鐘左右，熄火後繼續用餘溫燜5~10分鐘，呈金黃色即可。

提醒一下

- 麵糊是以「糖油拌合法」製作完成，請參考p.12的「流程」。
- 做法4：煮內餡時，可輕輕地將金砂糖及葡萄糖漿（或果糖）攪動均勻，以使受熱平均，完成後的內餡應呈不會流動的狀態；使用時如有凝固現象，可再以小火加熱軟化。
- 做法5：花環大花嘴如p.125右下的圖；請參考p.125的「擠麵糊的方式」。
- 做法6：內餡冷卻後，即呈坨狀，可用手取一小塊捏塑成球形，再填入麵糊的中心處，並輕輕壓平即可。
- 做法7：請參考p.28「正確的烘烤」。

糖油拌合法

堅果酥

約40片 分量

材料 核桃50克 杏仁片50克 糖粉50克
無鹽奶油70克 糖粉10克 即溶咖啡粉
1小匙(2克) 全蛋35克 低筋麵粉50克

做法

1. 烤箱預熱後，將核桃切成小顆粒，與杏仁片放在同一烤盤上，以上、下火150℃烘烤約10分鐘，放涼後與糖粉一起用料理機絞成細粒狀備用（圖1）。
2. 無鹽奶油秤好放在室溫下軟化後，分別加入糖粉及即溶咖啡粉，先用橡皮刮刀稍微攪拌混合，再用攪拌機攪打均勻。
3. 將全蛋分次加入做法2中，繼續以快速攪打成均勻的「咖啡奶油糊」（圖2）。
4. 將低筋麵粉篩入咖啡奶油糊中，接著加入做法1的材料，用橡皮刮刀以不規則的方向拌成均勻的「麵糊」。
5. 將平口花嘴裝入擠花袋內，再裝入麵糊，將擠花嘴放在距離烤盤約1公分的位置，擠花袋傾斜45度角，擠出長約5公分、寬約3公分的**m造型**（圖3）。
6. 烤箱預熱後，以上火170℃、下火130℃烘烤約20~25分鐘左右，熄火後繼續用餘溫燜5~10分鐘左右。

1

2

3

提醒一下

- 麵糊是以「糖油拌合法」製作完成，請參考p.12的「流程」。
- 做法1：核桃切碎後，與杏仁片放在同一烤盤上，才能同時烤至理想狀態；以低溫方式將核桃及杏仁片稍微烤乾，並未完全烤熟；使用料理機絞成細粒狀，有如芝麻粒的大小，顆粒不可過大，否則很容易塞住擠花嘴而影響擠麵糊的順暢度，如無法取得料理機，則需將核桃及杏仁片盡量切碎。
- 做法5：平口花嘴如125右上的圖，請參考p.125的「擠麵糊的方式」。
- 做法6：請參考p.28「正確的烘烤」。

糖油拌合法

椰香酥餅

約24條 分量

材料 無鹽奶油 75 克　糖粉 40 克　椰奶 35 克　低筋麵粉 80 克　椰子粉 20 克

做法

1. 無鹽奶油秤好放在室溫下軟化後，加入糖粉，先用橡皮刮刀稍微攪拌混合，再用攪拌機攪打均勻。
2. 將椰奶分次加入做法1中（圖1），繼續以快速攪打成均勻的「奶油糊」。
3. 將麵粉篩入做法2的奶油糊中，用橡皮刮刀稍微拌合，即可加入椰子粉（圖2），繼續用橡皮刮刀以不規則的方向拌成均勻的「麵糊」（圖3）。
4. 將尖齒花嘴裝入擠花袋內，再裝入麵糊，將擠花嘴放在距離烤盤約1公分的位置，擠花袋傾斜45度角，由左至右擠出約8公分的**長條狀**（圖4）。
5. 烤箱預熱後，以上火170℃、下火130℃烘烤約20~25分鐘左右，熄火後繼續用餘溫燜5~10分鐘左右。

提醒一下

- 麵糊是以「糖油拌合法」製作完成，請參考p.12的「流程」。
- 做法4：尖齒花嘴如125左下的圖，請參考p.125的「擠麵糊的方式」。
- 做法5：請參考p.28「正確的烘烤」，用低溫慢烤方式烘烤，較可保持椰香的風味。

1

2

3

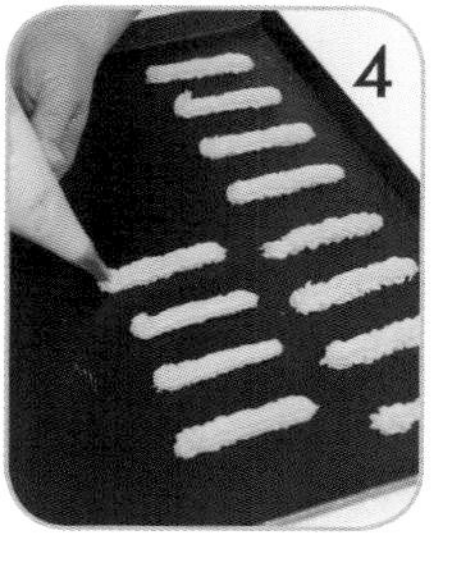

4

糖油拌合法

抹茶糖霜西餅

分量 約35條

材料 A. 無鹽奶油 70 克　糖粉 65 克　全蛋 35 克
低筋麵粉 90 克　奶粉 10 克　抹茶粉 2 小匙　杏仁粉 10 克
B. **抹茶糖霜**：抹茶粉 1/2 小匙　糖粉 20 克　玉米粉 1 小匙　水 5 克

做法

1. **抹茶糖霜**：抹茶粉加糖粉、玉米粉及水，用湯匙攪拌均勻備用。
2. **材料A**：無鹽奶油秤好放在室溫下軟化後，加入糖粉，先用橡皮刮刀稍微攪拌混合，再用攪拌機攪打均勻。
3. 將全蛋分次加入做法2中，繼續以快速攪打成均勻的「奶油糊」。
4. 將低筋麵粉、奶粉及抹茶粉一起篩入做法3的奶油糊中，接著加入杏仁粉，用橡皮刮刀以不規則的方向拌成均勻的「抹茶麵糊」。
5. 將尖齒花嘴裝入擠花袋內，再裝入麵糊，將擠花嘴放在距離烤盤約1公分的位置，擠花袋傾斜45度角，由左至右擠出約8公分的**長條狀**（圖1）。
6. 將做法1的抹茶糖霜裝入紙製擠花袋內（或塑膠袋內），並在袋口剪一小洞，直接將抹茶糖霜在做法5.的麵糊表面擠出線條（圖2）。
7. 烤箱預熱後，以上火170℃、下火130℃烘烤約20分鐘左右，熄火後繼續用餘溫燜5~10分鐘左右。

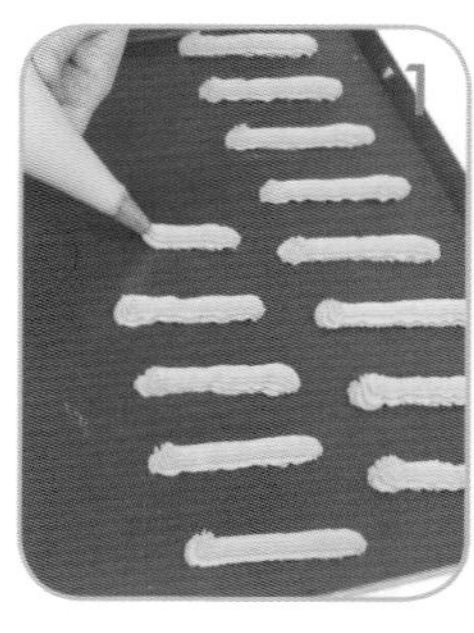
1

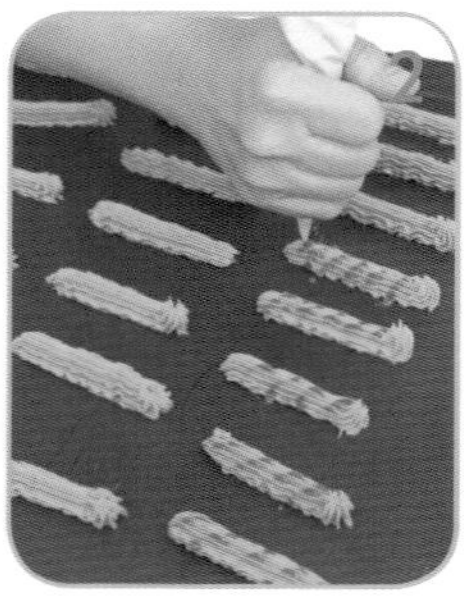
2

提醒一下

- 麵糊是以「糖油拌合法」製作完成，請參考p.12的「流程」。
- 做法5：尖齒花嘴如p.125左上的圖，請參考p.125的「擠麵糊的方式」。
- 做法7：請參考p.28「正確的烘烤」。
- 用低溫慢烤方式烘烤，較可保持原有的鮮豔色澤，如感覺不易烤乾熟透，最後可用餘溫多燜數分鐘。

提醒一下

- 麵糊是以「糖油拌合法」製作完成，請參考p.12的「流程」。
- 利用料理機將葡萄乾絞碎較理想，如用刀切需盡量切碎，顆粒不可過大，否則很容易塞住擠花嘴，而影響到擠麵糊的順暢度。
- 做法5：平口花嘴如p.125右上的圖，請參考p.125的「擠麵糊的方式」。
- 用低溫慢烤方式烘烤，徹底將水分烤乾，成品的口感即會酥脆。

糖油拌合法

奶油乳酪小餅乾

分量 約55個

材料 葡萄乾20克 無鹽奶油40克 奶油乳酪（Cream Cheese）40克 糖粉30克 蛋黃20克 低筋麵粉50克 杏仁粉15克 糖粉50克（裝飾用）

做法

1. 葡萄乾切碎備用。
2. 無鹽奶油及奶油乳酪分別秤好，放在同一容器內於室溫下軟化，加入糖粉，先用橡皮刮刀稍微攪拌混合，再用攪拌機攪打均勻。
3. 將蛋黃加入做法2中，繼續以快速攪打成均勻的「奶油糊」。
4. 將低筋麵粉篩入做法3的奶油糊中，接著加入杏仁粉及切碎的葡萄乾（圖1），用橡皮刮刀以不規則的方向拌成均勻的「麵糊」。
5. 將平口花嘴裝入擠花袋內，再裝入麵糊，將擠花嘴放在距離烤盤約1公分的位置，以垂直方式擠出直徑約2公分的**圓球狀**（圖2）。
6. 用手指沾一點清水，將麵糊表面的尖端輕輕壓平（圖3）。
7. 烤箱預熱後，以上火150℃、下火130℃烘烤約30分鐘左右，熄火後繼續用餘溫烟30分鐘左右。
8. 將冷卻後的成品與糖粉放入塑膠袋內，將袋口栓緊並搖晃，即可裹上均勻的糖粉。

提醒一下

- 麵糊是以「糖油拌合法」製作完成，請參考p.12的「流程」。
- 做法4：平口花嘴如p.125右上的圖，請參考p.125的「擠麵糊的方式」。
- 做法4：心型麵糊請參考p.136做法5。
- 做法6：請參考p.28「正確的烘烤」。

糖油拌合法

奶黃巧克力餅乾

約30片 分量

材料 無鹽奶油 **90** 克　糖粉 **45** 克　蛋黃 **40** 克
低筋麵粉 **90** 克　奶粉 **10** 克　杏仁粉 **10** 克
水滴形巧克力豆（小顆粒）**15** 克

做法

1. 無鹽奶油秤好放在室溫下軟化後，加入糖粉，先用橡皮刮刀稍微攪拌混合，再用攪拌機攪打均勻。
2. 將蛋黃攪散後分2次加入做法1中（圖1），繼續以快速攪打成均勻的「奶油糊」。
3. 將低筋麵粉及奶粉一起篩入奶油糊中，接著加入杏仁粉，用橡皮刮刀以不規則的方向拌成均勻的「麵糊」。
4. 將平口花嘴裝入擠花袋內，再裝入麵糊，將擠花嘴放在距離烤盤約0.5~1公分的位置，擠花袋稍微傾斜15度角，擠出**心型**的麵糊（圖2）（左右長約5公分、上下長約4公分）。
5. 接著將適量的水滴形巧克力豆黏在麵糊上（圖3）。
6. 烤箱預熱後，以上火170℃、下火120℃烘烤約20分鐘左右，熄火後繼續用餘溫燜5~10分鐘呈金黃色即可。

糖油拌合法

白巧克力奶酥餅乾

分量 約35片

材料 無鹽奶油 90 克　糖粉 30 克　蛋白 20 克　低筋麵粉 100 克　奶粉 20 克

裝飾：杏仁豆約 35 粒　白巧克力 80 克　鮮奶 20 克

做法

1. 無鹽奶油秤好放在室溫下軟化後，加入糖粉，先用橡皮刮刀稍微攪拌混合，再用攪拌機攪打均勻。
2. 將蛋白攪散後分次加入做法1中，繼續以快速攪打成均勻的「奶油糊」。
3. 將低筋麵粉及奶粉一起篩入做法2的奶油糊中，用橡皮刮刀以不規則的方向拌成均勻的「麵糊」。
4. 將尖齒花嘴裝入擠花袋內，再裝入麵糊，將擠花嘴放在距離烤盤約0.5~1公分的位置，擠花袋稍微傾斜15度角，以順時針方向擠出直徑約4.5公分的**圈狀**（圖1）。
5. 烤箱預熱後，以上火170℃、下火130℃烘烤約20 ~25分鐘左右，熄火後繼續用餘溫燜5~10分鐘，呈金黃色即可。
6. 接著將杏仁豆以上、下火150℃烘烤約15分鐘左右，烤熟後放涼備用。
7. 白巧克力切小塊加入鮮奶，隔熱水加熱同時邊攪拌（圖2），至白巧克力融化即可。
8. 將圈狀餅乾放在烘焙紙上，再用小湯匙舀適量的白巧克力液，填在中空處（圖3），再放一粒杏仁豆做裝飾（圖4），待白巧克力凝固即完成。

- 麵糊是以「糖油拌合法」製作完成，請參考p.12的「流程」
- 做法4：尖齒花嘴如p.125左上的圖，請參考p.125的「擠麵糊的方式」。
- 做法8：要填入巧克力液前，需在圈狀餅乾下方墊上防沾黏的烘焙紙，待巧克力冷卻凝固後，才方便將成品取下來。
- 杏仁豆也可用其他的堅果代替，同樣也需事先烤熟再使用。

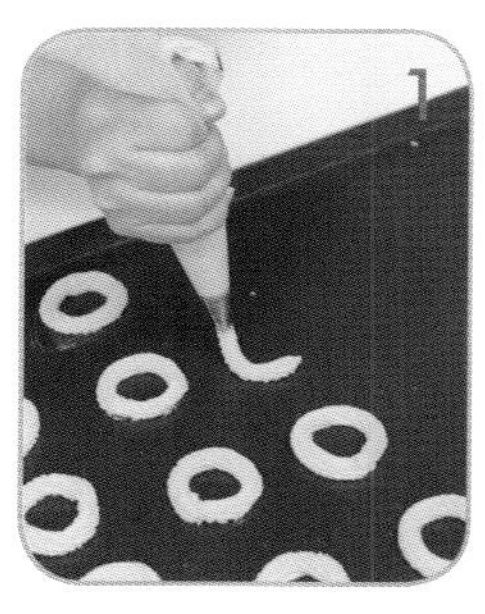

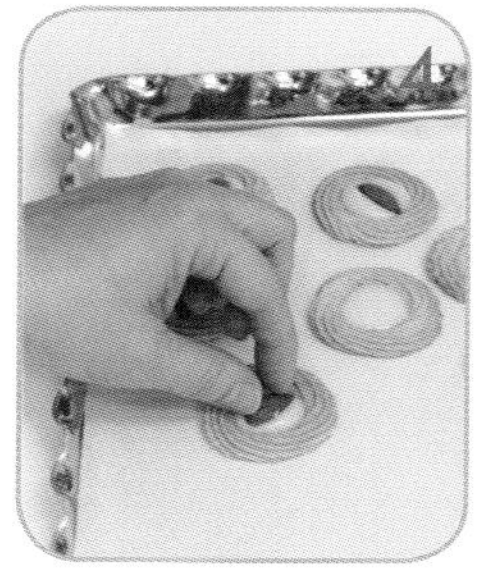

約15條
分量

蛋糖拌合法

杏仁椰子酥條

材料 低筋麵粉 15 克 椰子粉 35 克 杏仁粉 35 克 蛋白 55 克 細砂糖 30 克 檸檬皮屑 1/2 小匙 杏仁粒 2 小匙 糖粉適量

做法

1. 將低筋麵粉先過篩，再與椰子粉及杏仁粉放在同一容器中，用小湯匙將3種粉料攪勻（圖1）。
2. 用攪拌機將蛋白打成粗泡狀後，再分3次加入細砂糖，繼續以快速攪打至成為滑順細緻且不會流動的蛋白霜，蛋白霜的尖端會呈現彎勾狀（圖2）。
3. 將檸檬皮屑刨入做法2的蛋白霜中，接著加入做法1的粉料約1/2的分量，用橡皮刮刀將粉料壓入蛋白霜內，再配合翻拌動作，將粉料與蛋白霜稍微拌勻。
4. 接著再將剩餘的粉料倒入，同樣利用橡皮刮刀將粉料壓入蛋白霜內，再配合翻拌動作，將粉料與蛋白霜拌成均勻的「麵糊」（圖3）。
5. 將尖齒花嘴裝入擠花袋內，再裝入麵糊，將擠花嘴放在距離烤盤約1.5公分的位置，擠花袋稍微傾斜45度角，由左至右擠出約8公分的**長條狀**（圖4），接著在表面撒上適量的杏仁粒，並均勻地篩些糖粉（圖5）。
6. 烤箱預熱後，以上火170℃、下火150℃烘烤約20~25分鐘左右，熄火後繼續用餘溫燜10~15分鐘左右。

1

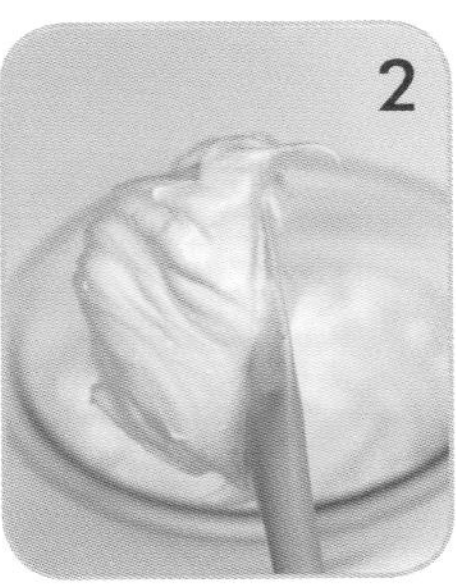
2

3

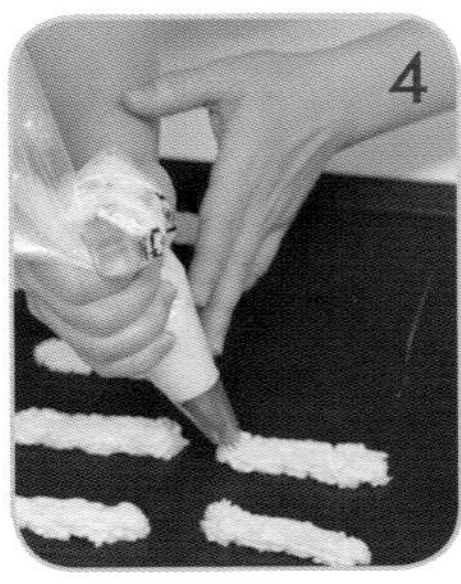
4

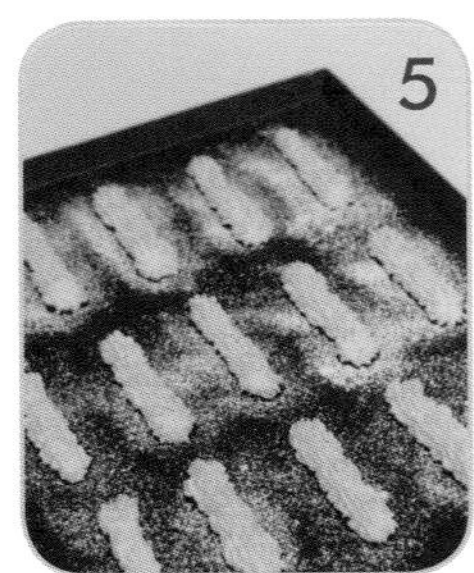
5

- 麵糊是以「蛋糖拌合法」製作完成，請參考p.18的「流程」。
- 材料中未含任何油脂，麵糊經烘烤受熱後，成品較易沾黏在烤盤上，因此需在烤盤上放一張烘焙紙或耐高溫烤布；成品烘烤完成後，需趁熱剷起。
- 做法5：尖齒花嘴如p.125左下的圖，請參考p.125的「擠麵糊的方式」。
- 做法6：請參考p.28「正確的烘烤」。

約40個 分量

蛋糖拌合法

黑芝麻香脆小餅乾

材料 低筋麵粉 20 克 黑芝麻粉 35 克 杏仁粉 25 克 蛋白 50 克 細砂糖 35 克

裝飾：白芝麻 5 克 糖粉適量

做法

1. 將低筋麵粉先過篩，再與黑芝麻粉及杏仁粉放在同一容器中，用小湯匙將3種粉料攪勻（圖1）。
2. 用攪拌機將蛋白打成粗泡狀後，再分3次加入細砂糖，繼續以快速攪打至成爲滑順細緻且不會流動的蛋白霜，蛋白霜的尖端會呈現彎勾狀（圖2）。
3. 將做法1的粉料約1/2的分量，加入做法2的蛋白霜中，用橡皮刮刀將粉料壓入蛋白霜內（圖3），再配合翻拌動作，將粉料與蛋白霜稍微拌匀。
4. 接著再將剩餘的粉料倒入，同樣利用橡皮刮刀將粉料壓入蛋白霜內，再配合翻拌動作，將粉料與蛋白霜拌成均勻的「麵糊」。
5. 將平口花嘴裝入擠花袋內，再裝入麵糊，將擠花嘴放在距離烤盤約1.5公分的位置，以垂直方式擠出直徑約3公分的**圓球狀**（圖4），接著在表面撒上適量的白芝麻，並均勻地篩些糖粉（圖5）。
6. 烤箱預熱後，以上火170℃、下火120℃烘烤約25~30分鐘左右，熄火後繼續用餘溫燜15~20分鐘左右。

- 麵糊是以「蛋糖拌合法」製作完成，請參考p.18的「流程」。
- 材料中未含任何油脂，麵糊經烘烤受熱後，成品較易沾黏在烤盤上，因此需在烤盤上放一張烘焙紙或耐高溫烤布；成品烘烤完成後，需趁熱剷起。
- 做法5：平口花嘴如p.125右上的圖，請參考p.125的「擠麵糊的方式」。
- 做法6：請參考p.28「正確的烘烤」。

1

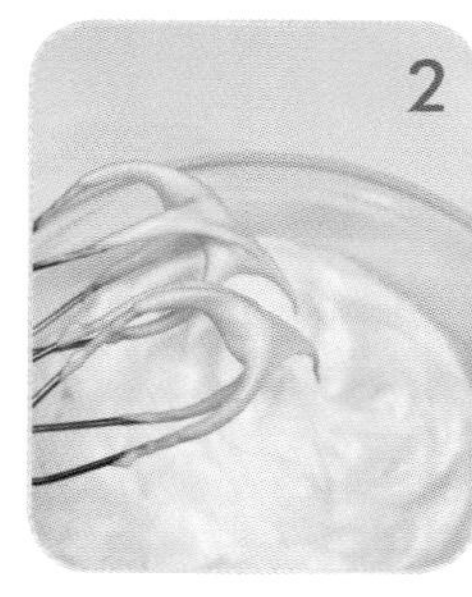
2

3

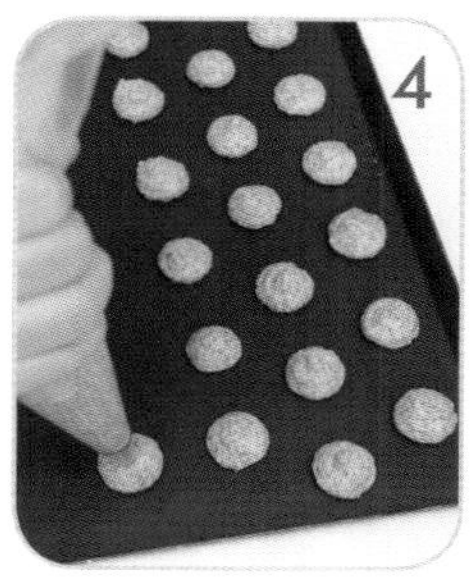
4

5

Part 5

塊狀餅乾

規規矩矩的造型，
卻是很有料的手工餅乾！

完成後的生麵糰不用刻意塑形，而是等烘烤完成後再切割成塊，即美式餅乾所稱的「BAR」。無論是皮、餡合一的成品，或只是單純一塊餅皮，「方塊」是其外觀的特色，在豐富食材的運用下，可表現出異於一般餅乾的品嚐風味。

製作的原則

可廣泛利用不同的拌合方式，「塊狀餅乾」的麵糰屬性與「切割餅乾」相同，都具有乾爽特性，因此可直接用手將所有材料抓成糰狀（請參考p.26的說明）；但食譜中以「液體拌合法」所製作的塊狀餅乾，則需以橡皮刮刀來拌合材料，例如p.155的「白巧克棒」、p.158的「高纖堅果棒」、p.163的「香濃巧克力圈餅乾」以及p.166的「燕麥楓糖棒」等。

塊狀餅乾的麵糰是以「糖油拌合法」、「油粉拌合法」及「液體拌合法」製作，請參考p.12～17及p.20～21的「流程」。

生料的類別

只要是乾爽的「麵糰」，從乾、濕材料拌合到麵糰塑形，都可直接用手操作；麵糰塑成工整的片狀時，可直接烘烤再切塊，也能在麵糰表面搭配不同的餡料，上下結合後，呈現雙重口感。

麵糰的形狀

塊狀餅乾如含有「餡料」與「餅皮」兩個部分時，首先製作餅皮的麵糰，將乾、濕材料拌合成糰即可，應避免麵糰被過度搓揉而出筋。

1

另外也可比照派皮的「酥鬆粒」（法文：sablé）作法，當「粉、油及濕性材料」混合時，不用刻意地搓揉成完整麵糰，只要用手輕輕地抓成一坨一坨的小糰狀（圖1），即可直接鋪在模型內（慕絲框或方形烤模），再用手攤開並壓平；如此更能顯現「油、粉」的層次感，與「糖油拌合法」的成品相較，更能突顯口感的酥鬆性。

塑形的烤模

為了方便成品烘烤後，可以工整地切出大小一致的塊狀造型，因此最好使用正方形（或長方形）烤模（圖2）或正方形慕絲框（圖3）；如無法取得這2種烤模，則可利用大刮板將麵糰塑成工整狀，如p.94「葡萄乾奶油夾心酥」的做法8～11。

2

⬆ 18公分x18公分正方形烤模

3

⬆ 18公分x18公分正方形慕絲框

掌握的重點

烤模處理

以上2種塑形的烤模都需舖上烘焙紙（或包上鋁箔紙），可使成品順利脫模；由於塊狀餅乾的麵糰都含有無鹽奶油，烤後的成品不易沾黏，因此包鋁箔紙時，不需要抹油（除了p.158的「高纖堅果棒」之外）。

☆正方形烤模

需在烤模內墊一張防沾黏的烘焙紙（圖4），或裁一張適當尺寸的耐高溫烤布也很方便（圖5）。

☆正方形慕絲框

裁一張鋁箔紙，其四邊必須大於慕絲框的四邊至少約5公分以上，再將慕絲框包緊（圖6）；也可將烘焙紙直接墊在慕絲框的底部，但必須先放在烤盤上備用（圖7），否則將餅皮鋪好再移至烤盤上時，比較不方便。

餅皮五分熟

為了讓煮過的餡料（或很容易烤熟的餡料）與生的餅皮麵糰能同步烤至理想的狀態（餅皮要酥脆、餡料要烤熟），因此必須特別留意烤箱下火的溫度，務必讓成品底部達到酥脆效果；如果家中的烤箱無法分別設定上、下火時，可將餅皮麵糰先進烤箱，以170～180℃烘烤約10～15分鐘左右，使麵糰內的水分稍微烤乾。

⬆ 麵糰烘烤前，原來的色澤。

⬆ 麵糰經過10～15分鐘左右的烘烤，顏色變淺，但尚未達到上色程度，即可取出備用。

切塊方式

◆如成品含有質地較脆硬的糖漿餡料，在烘烤完成後，待數分鐘降溫尚有微溫時即可切塊，如p.152的「杏仁糖酥片」；如成品上的餡料是一般軟質的，即必須等到成品完全冷卻後才可切塊，如p.154的「檸檬椰子方塊」。

◆也可在麵糰進烤箱前，利用小刮板在麵糰表面切割線條，成品烘烤後，即可輕易切割成塊。

◆成品切塊的大小可由個人喜好決定，不一定要依照書上的切塊分量。

烘烤的訣竅

上火溫度與餡料有關

如果塊狀餅乾含「餅皮」與「餡料」，當餡料已煮過（或易熟）時，要特別注意上火的烘烤溫度不可過高，否則下層的餅皮尚未烤熟，上面的餡料有可能已經烘烤過度；參考溫度為上火約160°C～170°C，如p.152「杏仁糖酥片」及p.159的「蜂蜜核桃棒」。

其他的注意事項請參考p.28的「正確的烘烤」。

下火溫度與烤模種類有關

☆以慕斯框製作

生麵糰放置在沒有底的慕絲框內，麵糰直接與烤盤面接觸烘烤，因此下火的溫度需要調低一點，否則成品的底部很容易烤焦，但因為慕絲框底部墊有鋁箔紙（或烘焙紙），下火的溫度會比其他餅乾的烤溫稍高一點；參考溫度為下火約150°C～160°C，如p.152「杏仁糖酥片」、p.154的「檸檬椰子方塊」及p.162的「香濃起士塊」。

☆以烤模製作

生麵糰鋪在烤模內，然後再將烤模放在烤盤上面，受熱上色的速度較慢，因此烤箱下火的溫度不可過低，否則成品的底部不易上色，就會失去應有的酥脆口感；參考溫度為下火約170°C～180°C，如p.156的「香濃胚芽棒」及p.157「玉米片早餐棒」。

糖油拌合法

杏仁糖酥片

約12片 分量

材料 **餅皮**：無鹽奶油70克 糖粉25克 鹽1/8小匙 香草精1/4小匙 全蛋25克 低筋麵粉135克

餡料：金砂糖（二砂糖）70克 葡萄糖漿65克（或果糖50克） 無鹽奶油20克 動物性鮮奶油15克 生的杏仁片70克

做法 以下的製作過程與說明，含「餅皮」與「餡料」，可供其他同類型的食譜參考。

先做「餅皮」

製作奶油糊

1. 無鹽奶油秤好放在容器內於室溫下軟化，也可順便將糖粉、鹽及香草精加入備用。

▶奶油軟化請參考p.12「糖油拌合法」做法1。

2. 先用橡皮刮刀稍微攪拌混合。

▶先用橡皮刮刀將糖粉與奶油稍微攪拌混合，就能避免電動攪拌機在攪打時，瞬間將糖粉噴出容器之外。

3. 再用攪拌機攪打均勻，呈滑順感即可。

▶此處不用顧慮攪打時間的長短，只要將糖粉及奶油融爲一體呈滑順感即可。

4. 將全蛋攪散後分次加入做法3中，要以快速攪打均勻。

▶每次加入蛋液時，都要確實地融入奶油中，才能繼續加入蛋液，應避免加得太快而造成油水分離現象；慢慢加蛋液的同時，可持續攪打，不用刻意將機器停下來。

5. 繼續以快速攪打均勻，呈現光滑細緻且顏色稍微變淡的「奶油糊」。

▶必須適時地停下機器，用橡皮刮刀刮一下容器四周及底部沾黏的材料，有關「奶油糊」，請參考p.13「糖油拌合法」的做法4。

▶以上做法1~5的「奶油糊」製作，請參考p.92「原味冰箱餅乾」的做法1~5及說明。

篩入粉料→成麵糰→塑形

6. 將低筋麵粉篩入奶油糊中，用橡皮刮刀以不規則的方向攪拌，只要乾、濕材料混合得非常均勻，成爲一塊塊的「小麵糰」即可。

▶有關篩入麵粉及拌合的方式，請參考p.14做法5~6；不要同一方向用力轉圈亂攪，以防止麵糰出筋而影響口感，請參考p.14「何謂出筋？」。另請參考p.149「麵糰的形狀」。

麵糰入模

7. 將小麵糰鋪在18x18公分的慕絲框內（或烤模內）。

▶烤模是使用正方形的慕絲框（或改用同樣尺寸的烤模），使用前先在底部包上鋁箔紙；烤模的使用與處理，請參考p.149「塑形的烤模」及p.150「烤模處理」。

8. 用手將一塊塊的小麵糰平均地攤開並壓平。

▶麵糰鋪在框內應盡量攤成厚度一致，才有利於烘烤後的成品品質。

煮餡料

9. 將金砂糖及葡萄糖漿放在同一煮鍋中，用小火開始加熱。

▶加熱約1分鐘後，金砂糖與葡萄糖漿會漸漸地融爲一體，此時可用耐熱橡皮刮刀或木匙攪動一下。

10. 慢慢加熱後，只要稍微沸騰，即可加入無鹽奶油及動物性鮮奶油。

▶只要將金砂糖與葡萄糖漿煮至稍微沸騰，而金砂糖尚未融化時，即可加入無鹽奶油及動物性鮮奶油，並用耐熱橡皮刮刀或木匙攪動一下。

11. 持續用小火煮約1分鐘後，接著將杏仁片加入，邊煮邊攪拌至金砂糖完全融化。

▶杏仁片不需事先烤熟。

12. 繼續煮到鍋內的糖漿稍微收乾即熄火。

▶此時鍋內還會留一點濃稠的糖漿。

組合

13. 用耐熱的橡皮刮刀或木匙將餡料刮在餅皮上，再平均地攤開並輕輕壓平。

▶耐熱的橡皮刮刀較能俐落地將餡料刮到餅皮上。

烘烤

14. 烤箱預熱後，以上火170℃、下火160℃烘烤約25~30分鐘左右呈金黃色；出爐後待降溫後即可切塊。

▶烘烤後，注意餅皮底部應該要呈現金黃色，口感才會酥脆，而表面的杏仁片餡料，因含有金砂糖，烘烤後也很容易上色；烤溫與時間要靈活運用，如以一般的烤模烘烤（如p.149圖2），則以上火160~170℃、下火約170℃~180℃烘烤約25分鐘左右，請參考p.151「烘烤的訣竅」及p.28「正確的烘烤」；另請參考p.151的「切塊方式」。

提醒一下

- 餅皮的麵糰是以「糖油拌合法」製作完成，請參考p.12的「流程」。
- 做法7~8：餅皮麵糰填入烤模內，可事先烤至五分熟，請參考p.150的「餅皮5分熟」。
- 剛烘烤完的成品表面呈流動狀，是正常現象，待完全降溫後即會凝固。

糖油拌合法

檸檬椰子方塊

約12片 分量

材料 餅皮：無鹽奶油 60 克　糖粉 25 克　鹽 1/4 小匙　全蛋 25 克　低筋麵粉 100 克　杏仁粉 15 克

餡料：全蛋 45 克　細砂糖 30 克　檸檬 1 個　椰子粉 30 克　生的碎核桃 45 克

做法

1. **餅皮**：無鹽奶油秤好放在室溫下軟化後，加入糖粉及鹽，先用橡皮刮刀稍微攪拌混合，再用攪拌機攪打均勻。
2. 將全蛋慢慢加入做法1中，繼續以快速攪打成均勻的「奶油糊」。
3. 將低筋麵粉篩入做法2的奶油糊中，接著加入杏仁粉，用手抓成一塊塊的「小麵糰」（圖1）。
4. 將小麵糰直接舖在18x18公分的慕絲框內（或烤模內）（圖2），用手平均地攤開並壓緊（圖3）。
5. 烤箱預熱後，以上火180℃、下火150℃烘烤約10~12分鐘左右，取出備用。
6. **餡料**：將全蛋及細砂糖放在同一容器中，刨入檸檬皮屑，用湯匙攪拌均勻，接著加入椰子粉及生的碎核桃拌勻。
7. 用橡皮刮刀將餡料刮在餅皮上，再平均地攤開並輕輕壓平（圖4）。
8. 烤箱預熱後，以上火180℃、下火160℃烘烤約25~30分鐘左右呈金黃色，熄火後繼續用餘溫燜5分鐘；出爐後待冷卻即可切塊。

1

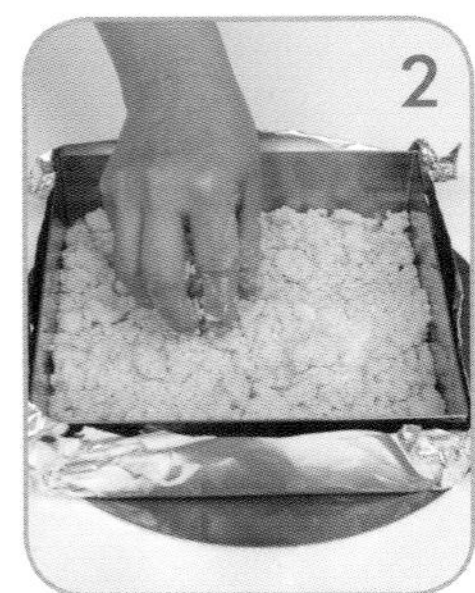
2

3

4

提醒一下

- 餅皮的麵糰是以「糖油拌合法」製作完成，請參考p.12的「流程」及p.149「麵糰的形狀」說明。
- 做法4：慕絲框需包上鋁箔紙或墊上烘焙紙，以利成品脫模，請參考p.149「塑形的烤模」及p.150「烤模處理」。
- 做法6：細砂糖尚未完全融化，即可加入椰子粉及碎核桃。
- 做法6：檸檬皮屑是指檸檬的表皮部分，不可刮到白色筋膜，以免苦澀；分量可依個人的喜好增減。
- 做法5及做法8：烘烤原則請參考p.151的「烘烤的訣竅」。

液體拌合法

白巧克力棒

約28片 分量

材料 OREO巧克力餅乾50克　杏仁片50克　白巧克力200克

做法

1. OREO巧克力餅乾用手掰成小塊備用（如p.113圖1）。
2. 烤箱預熱後，以上、下火各150℃，將杏仁片烘烤約12~15分鐘左右，呈金黃色即可，放涼備用。
3. 白巧克力以隔水加熱方式攪拌至融化（圖1），再分別加入OREO巧克力餅乾及杏仁片（圖2），用橡皮刮刀攪拌均勻。
4. 用橡皮刮刀將做法3的材料刮在14.5x14.5公分的慕絲框內（或烤模內）（圖3），並將表面抹平並壓緊。
5. 放在室溫下約45~60分鐘左右直到凝固，即可切成塊狀。

提醒一下

- 白巧克力隔水加熱時，需用耐熱橡皮刮刀不停地攪拌，即會快速融化。
- 做法4：慕絲框需墊上烘焙紙，如改用相同尺寸的正方形烤模，則在烤模內也必須墊一張烘焙紙，以利成品脫模，請參考p.149「塑形的烤模」及p.150「烤模處理」。
- 做法5：巧克力凝固所需時間，依當時的環境溫度有所不同。
- 製作完成後，不要放入冷藏室凝固，否則質地過硬即無法平整切割；切割後才可放入冰箱冷藏保存，如處在較低溫的環境時，亦可將成品密封後，放置在室溫下。
- 杏仁片也可用其他堅果代替，但都需烤熟後再製作。

糖油拌合法

香濃胚芽棒

約12片 分量

材料 餅皮：無鹽奶油 85 克　細砂糖 50 克　全蛋 25 克
低筋麵粉 130 克　小麥胚芽 20 克　熟的黑芝麻 1 大匙

餡料：椰子粉 35 克　低筋麵粉 5 克　煉奶 70 克
水滴形巧克力（小顆粒）20 克

做法

1. **餅皮**：無鹽奶油秤好放在室溫下軟化後，加細砂糖用攪拌機攪打均勻。

1

2. 將全蛋加入做法1中，繼續以快速攪打成均勻的「奶油糊」。
3. 將低筋麵粉篩入做法2的奶油糊中，接著加入小麥胚芽及黑芝麻，用手抓成均勻的「麵糰」。
4. 將麵糰舖在18x18公分的烤模內（或慕絲框內），用手平均地攤開並壓緊。

2

5. 烤箱預熱後，以上火180℃、下火150℃烘烤約10~12分鐘左右，取出備用。
6. **餡料**：椰子粉與低筋麵粉先拌勻，接著加入煉奶用湯匙攪勻呈濃稠狀（圖1）。

3

7. 用橡皮刮刀將餡料刮在餅皮上，並將湯匙背面沾少許的水將餡料慢慢推開（圖2）；再平均地撒上水滴形巧克力（圖3）。
8. 烤箱預熱後，以上火180℃、下火170℃烘烤約25~30分鐘左右呈金黃色，熄火後繼續用餘溫燜5~10分鐘左右；出爐後放涼再切片。

- 餅皮的麵糰是以「糖油拌合法」製作完成，請參考p.12的「流程」及p.149「麵糰的形狀」說明。
- 做法4：烤模內需墊上烘焙紙或耐高溫烤布，以利成品脫模，請參考p.149「塑形的烤模」及p.150「烤模處理」。
- 做法5及做法8：烘烤原則請參考p.151「烘烤的訣竅」。
- 水滴形巧克力屬於耐高溫型的巧克力，烘烤後亦不會融化。

油粉拌合法

玉米片早餐棒

約12片 分量

材料 餅皮：低筋麵粉 80 克 糖粉 15 克 杏仁粒 20 克 無鹽奶油 30 克 鮮奶 1 大匙

餡料：金砂糖（二砂糖）15 克 無鹽奶油 20 克 果糖 15 克 柳橙 1 個 玉米片 70 克 大燕麥片 10 克 全蛋 15 克

做法

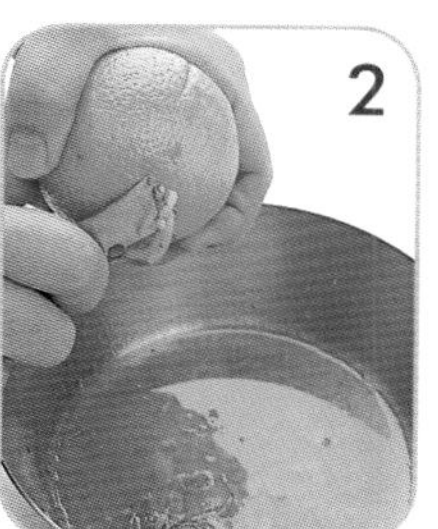

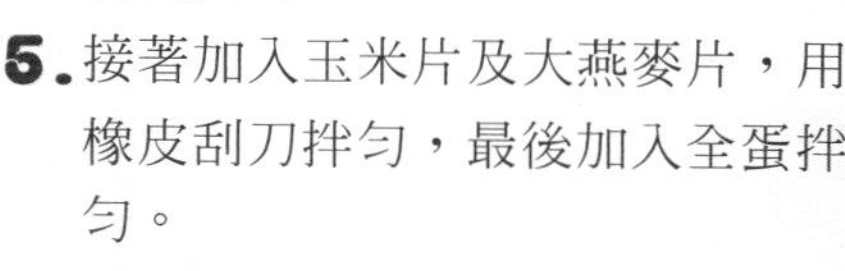

1. **餅皮**：將低筋麵粉及糖粉一起過篩至容器（料理盆）中，再加入杏仁粒及無鹽奶油，用手搓揉成鬆散狀。
2. 將鮮奶加入做法1中，繼續用手抓均勻，成為一塊塊的「小麵糰」（不需搓成糰狀）。
3. 將小麵糰直接倒入18x18公分的烤模內（或慕絲框內）（圖1），平均地攤開並壓緊，烤箱預熱後，以上火180℃、下火150℃烘烤約10分鐘左右，取出備用。
4. **餡料**：將金砂糖及無鹽奶油用小火加熱至奶油融化即熄火（金砂糖尚未融化），接著刨入柳橙皮絲（圖2）。
5. 接著加入玉米片及大燕麥片，用橡皮刮刀拌勻，最後加入全蛋拌勻。
6. 用橡皮刮刀將餡料刮在餅皮上，平均地攤開並輕輕壓平（圖3）。
7. 烤箱預熱後，以上火160℃、下火170℃烘烤約20~25分鐘左右呈金黃色，熄火後繼續用餘溫焖5~10分鐘左右；出爐後放涼再切片。

22

- 餅皮的麵糰是以「油粉拌合法」製作完成，請參考p.16的「流程」及p.149「麵糰的形狀」說明。
- 做法2：烤模內需墊上烘焙紙或耐高溫烤布，以利成品脫模，請參考p.149「塑形的烤模」及p.150「烤模處理」。
- 做法6：舖在餅皮表面的餡料，不需刻意壓緊，否則口感會太硬。
- 做法3及做法7：烘烤原則請參考p.151「烘烤的訣竅」。

約18片
分量

液體拌合法

高纖堅果棒

材料 碎核桃 40 克 南瓜子仁 35 克 葵瓜子仁 35 克 白芝麻 30 克
蜂蜜 100 克 柳橙汁 20 克 糖漬桔皮丁 40 克 葡萄乾 55 克
全蛋 50 克 即食燕麥片 100 克

做法

1. 碎核桃、南瓜子仁、葵瓜子仁及白芝麻分別放在同一烤盤內，以上、下火各150℃烤約10分鐘左右備用（圖1）。
2. 將蜂蜜及柳橙汁放在同一容器中攪拌均勻，再加入糖漬桔皮丁及葡萄乾，浸泡約10分鐘（圖2）。
3. 將全蛋加入做法2的混合材料中拌勻，接著加入碎核桃、南瓜子仁、葵瓜子仁及白芝麻，用橡皮刮刀拌勻，最後加入即食燕麥片混合均勻。
4. 用橡皮刮刀將做法3的材料刮入18x18公分的慕絲框內（或烤模內），將材料平均地攤開並抹平（圖3）。
5. 烤箱預熱後，以上火180℃、下火150℃烘烤約25~30分鐘左右，至各式堅果上色即可；出爐後放涼再切片。

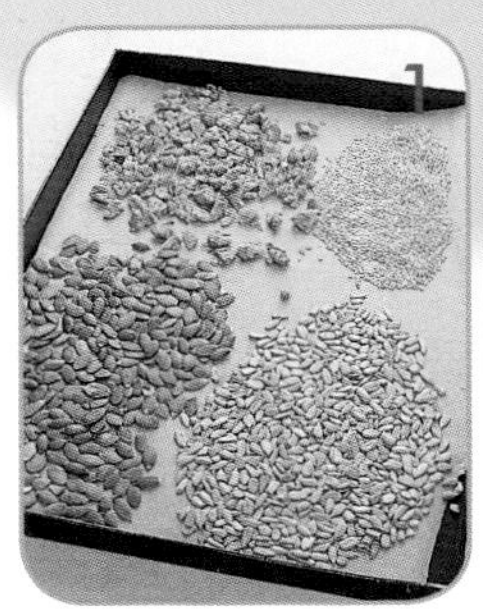
1

2

3

提醒一下

- 材料中不含任何粉料或油脂，藉由液態材料黏合乾性材料，有如「液體拌合法」的製作原則，請參考p.20的「流程」。
- 做法1：先將各式堅果烤約10分鐘，目的只是將水分稍微烤乾，不需完全烤熟。
- 做法4：材料中不含任何油脂，因此慕絲框包上鋁箔紙後需抹上均勻的奶油，或墊上烘焙紙，以利成品脫模；請參考p.149「塑形的烤模」及p.150「烤模處理」的說明。
- 材料中的各式堅果可依個人喜好及取得的方便性替換，柳橙汁也可用其他果汁代替。
- 最後抹平時不需要刻意壓緊，否則口感會過於緊密。
- 做法5：烘烤原則請參考p.151「烘烤的訣竅」。

約18片
分量

糖油拌合法

蜂蜜核桃棒

材料 **餅皮**：無鹽奶油60克 糖粉25克 鹽1/4小匙 全蛋25克
低筋麵粉100克 杏仁粉15克

餡料：細砂糖30克 蜂蜜25克 動物性鮮奶油35克 鮮奶35克 無鹽奶油10克
生的碎核桃120克 全蛋10克

做法

1. **餅皮**：無鹽奶油秤好放在室溫下軟化後，加入糖粉及鹽，先用橡皮刮刀稍微攪拌混合，再用攪拌機攪打均勻。
2. 將全蛋慢慢加入做法1中，繼續以快速攪打成均勻的「奶油糊」。
3. 將低筋麵粉篩入做法2的奶油糊中，接著加入杏仁粉，用手抓成一塊塊的「小麵糰」。
4. 將小麵糰直接舖在18x18公分的慕絲框內（或烤模內），用手平均地攤開並壓緊。
5. 烤箱預熱後，以上火180℃、下火150℃烘烤約10分鐘左右，取出備用。
6. **餡料**：細砂糖加蜂蜜用小火煮至沸騰（圖1），動物性鮮奶油及鮮奶放在同一容器中，再分次加入（圖2），並攪拌均勻，繼續用小火煮約5分鐘左右，最後加入無鹽奶油，續煮約1分鐘即熄火（圖3）。
7. 加入碎核桃拌勻，最後加入全蛋，續煮至湯汁稍微收乾（圖4）。
8. 用橡皮刮刀將餡料刮在餅皮上，再平均地攤開並壓緊。
9. 烤箱預熱後，以上火170℃、下火160℃烘烤約25~30分鐘左右呈金黃色，熄火後繼續用餘溫燜5~10分鐘左右；出爐後放涼再切片。

- 餅皮與p.154「檸檬椰子方塊」相同，請參考做法1~5。
- 做法4：慕絲框需包上鋁箔紙或墊上烘焙紙，以利成品脫模，請參考p.149「塑形的烤模」及p.150「烤模處理」。
- 做法6：細砂糖加蜂蜜用小火煮至沸騰，細砂糖尚未融化即可加入動物性鮮奶油及鮮奶。
- 做法7：餡料做好後，湯汁已接近收乾且呈現不會流動的狀態。
- 做法5及做法9：烘烤原則請參考p.151的「烘烤的訣竅」。

糖油拌合法

巧克力燕麥方塊

分量 約12片

參見 DVD 示範

材料 餅皮：無鹽奶油 120 克　金砂糖（二砂糖）50 克　香草精 1/2 小匙　全蛋 30 克

低筋麵粉 200 克　即食燕麥片 30 克

餡料：碎核桃 80 克　鮮奶 45 克　苦甜巧克力 125 克

做法

1. 餡料：烤箱預熱後，將碎核桃以上、下火各150℃烤約12分鐘左右備用。
2. 鮮奶與苦甜巧克力放在同一個容器中，以隔水加熱方式，邊加熱邊攪拌至巧克力融化，即離開熱水，接著加入碎核桃拌勻（圖1），放涼後備用。
3. 餅皮：無鹽奶油秤好放在室溫下軟化後，加入金砂糖及香草精，用攪拌機攪打均勻，呈滑順感即可。
4. 將全蛋分次加入做法1中，繼續以快速攪打成均勻的「奶油糊」。
5. 將低筋麵粉篩入奶油糊中，用橡皮刮刀稍微拌合，即可加入即食燕麥片，用手抓成均勻的「麵糰」，再將麵糰分成2等分。
6. 用保鮮膜包在18x18公分慕絲框的底部，將其中一份麵糰放入慕絲框內平均地攤開並壓緊，接著將慕絲框移開（此時，麵糰在保鮮膜的上面）。
7. 再將18x18公分的慕絲框底部包上鋁箔紙，再將另一份麵糰放入框內，平均地攤開並壓緊備用（圖2）。
8. 用橡皮刮刀將餡料刮在做法5的餅皮上，用橡皮刮刀平均地攤開（圖3），接著將做法4的餅皮（連同保鮮膜）慢慢地蓋在餡料上（圖4），再撕除保鮮膜，並用手輕輕地整形壓平。
9. 烤箱預熱後，以上火180℃、下火160℃烘烤約25~30分鐘左右呈金黃色，熄火後繼續用餘溫燜5~10分鐘；出爐後放涼再切片。

提醒一下

- 餅皮的麵糰是以「糖油拌合法」製作完成，請參考p.12的「流程」。
- 做法4：慕絲框用保鮮膜包住底部，再將麵糰放入框內攤開壓緊塑成餅皮，可方便拿起來蓋在做法8的餡料上。
- 做法5：慕絲框需包上鋁箔紙，或墊上烘焙紙以利成品脫模，請參考p.149「塑形的烤模」及p.150「烤模處理」。
- 做法9：烘烤原則請參考p.151的「烘烤的訣竅」。

約12片
分量

油粉拌合法

全麥乾果方塊酥

材料 蔓越莓乾 30 克　杏桃乾 30 克　全蛋 20 克
全麥麵粉 120 克　糖粉 45 克　無鹽奶油 70 克
生的白芝麻 1 大匙

做法

1. 將蔓越莓乾及杏桃乾用料理機絞碎，再加入全蛋，用小湯匙攪勻備用（圖1）。
2. 將全麥麵粉及糖粉放在同一容器中，先用橡皮刮刀攪勻，接著加入無鹽奶油，用手搓成鬆散狀。
3. 將做法1的混合材料全部倒入做法2中（圖2），用手抓成均勻的「麵糰」。
4. 將麵糰全部倒入18x18公分的慕絲框內（或烤模內），平均地攤開並壓平。
5. 將生的白芝麻平均地撒在麵糰表面（圖3），並用手掌輕輕壓緊，再用小刮板切割出12等分（圖4）。
6. 烤箱預熱後，以上火180℃、下火150℃烘烤約25~30分鐘左右呈金黃色，熄火後繼續用餘溫燜5~10分鐘。

- 麵糰是以「油粉拌合法」製作完成，請參考p.16的「流程」及p.149「麵糰的形狀」說明。
- 做法1：蔓越莓乾及杏桃乾用料理機絞碎，與麵糰混合烘烤，成品的口感較好，但必須注意不要過度絞成泥狀；如無法利用料理機，則必須儘量切碎再製作；絞碎後先與全蛋液混合攪勻，較容易與粉料混合成糰。
- 做法4：慕絲框需包上鋁箔紙或墊上烘焙紙，以利成品脫模，請參考p.149「塑形的烤模」及p.150「烤模處理」。
- 做法6：烘烤原則請參考p.151的「烘烤的訣竅」。

約30塊

分量

糖油拌合法

香濃起士塊

材料 無鹽奶油 100 克 糖粉 90 克 全蛋 25 克
低筋麵粉 200 克 帕米善起士粉（Parmesan）40 克 杏仁粉 25 克

做法

1. 無鹽奶油秤好放在室溫下軟化後，加入糖粉，先用橡皮刮刀稍微攪拌混合，再用攪拌機攪打均勻。
2. 將全蛋攪散後分次加入做法1中，繼續以快速攪打成均勻的「奶油糊」。
3. 將低筋麵粉篩入做法2的奶油糊中，接著加入帕米善起士粉及杏仁粉（圖1），用手抓成均勻的「麵糰」（圖2）。
4. 將麵糰舖在18x18公分的慕絲框內（或烤模內），用手平均地攤開並壓平，並用叉子在麵糰表面以1公分的間距扎洞（圖3）。
5. 烤箱預熱後，以上火170℃、下火150℃烘烤約30分鐘左右，熄火後繼續用餘溫燜10~15分鐘；出爐後放涼再切塊。

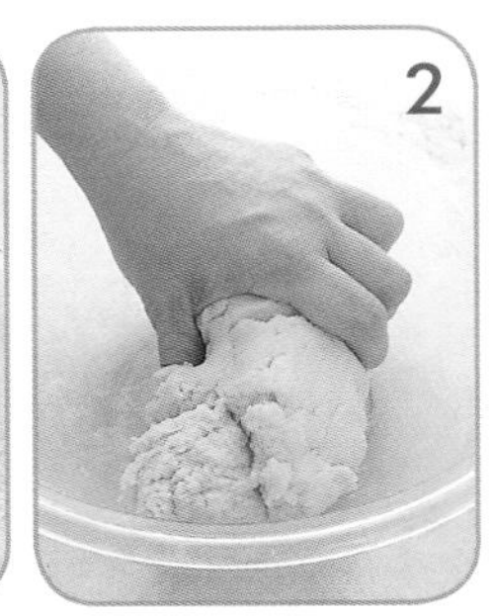

- 麵糰是以「糖油拌合法」製作完成，請參考p.12的「流程」及p.149「麵糰的形狀」說明。
- 做法4：慕絲框需包上鋁箔紙或墊上烘焙紙，以利成品脫模，請參考p.149「塑形的烤模」及p.150「烤模處理」。
- 因成品較厚，應該用低溫慢烤方式進行，並需利用餘溫長時間燜到酥鬆。
- 做法5：烘烤原則請參考p.151的「烘烤的訣竅」。

約16片
分量

液體拌合法

香濃巧克力圈餅乾

材料 水滴形巧克力（小顆粒）150克 顆粒花生醬40克
喜瑞爾巧克力圈80克

做法

1. 將水滴形巧克力以隔水加熱方式融化（圖1），接著加入顆粒花生醬（圖2），用橡皮刮刀攪拌均勻呈濃稠狀。
2. 待降溫後，再加入喜瑞爾巧克力圈，繼續用橡皮刮刀拌勻（圖3）。
3. 用橡皮刮刀將做法2的材料刮入14.5x14.5公分的慕絲框內（或烤模內），將表面抹平並壓緊（圖4）。
4. 冷藏約30~50分鐘凝固後，取出切成塊狀。

提醒一下

- 水滴形巧克力隔水加熱時，需用橡皮刮刀邊攪拌邊融化。
- 放入冷藏室凝固再切片，仍可平整切割。
- 做法3：慕絲框需鋪上烘焙紙，以利成品脫模，利用慕絲框較易平整塑形，也可用其他烤模代替。

糖油拌合法

香橙奶酥棒

分量 約18片

材料 **餅皮**：無鹽奶油 60 克 糖粉 30 克 香草精 1/2 小匙 全蛋 10 克，低筋麵粉 100 克 奶粉 20 克，

餡料：無鹽奶油 25 克 金砂糖（二砂糖）20 克，糖漬桔皮丁 50 克 生的杏仁片 50 克 烤熟的白芝麻 2 小匙 低筋麵粉 10 克 全蛋 10 克，

做法

1. **餅皮**：無鹽奶油秤好放在室溫下軟化後，加入糖粉及香草精，先用橡皮刮刀稍微攪拌混合，再用攪拌機攪打均勻，呈滑順感即可。
2. 將全蛋加入做法1中，繼續以快速攪打成均勻的「奶油糊」。
3. 將低筋麵粉及奶粉一起篩入奶油糊中，用手抓成均勻的「麵糰」。
4. 將麵糰舖在18x18公分的慕絲框內（或烤模內），用手將麵糰平均地攤開並壓緊。
5. 烤箱預熱後，以上火180℃、下火150℃烘烤約10~12分鐘左右，取出備用。
6. **餡料**：無鹽奶油加金砂糖用小火煮至奶油融化，熄火後分別加入糖漬桔皮丁、生的杏仁片及烤熟的白芝麻，用橡皮刮刀或湯匙拌勻（圖1）。
7. 接著加入低筋麵粉拌勻，最後加入全蛋拌勻（圖2）。
8. 用橡皮刮刀將做法7的材料刮在做法5的餅皮上，平均地攤開並壓平（圖3）。
9. 烤箱預熱後，以上火170℃、下火150℃烘烤約25~30分鐘左右呈金黃色，熄火後繼續用餘溫燜5~10分鐘；出爐後放涼再切片。

1

2

3

提醒一下

- 餅皮的麵糰是以「糖油拌合法」製作完成，請參考p.12的「流程」及p.149「麵糰的形狀」說明。
- 做法4：慕絲框需包上鋁箔紙或墊上烘焙紙，以利成品脫模，請參考p.149「塑形的烤模」及p.150「烤模處理」。
- 做法6：僅需將無鹽奶油融化，而金砂糖尚未融化即可熄火。
- 做法6~7：餡料煮完後，是熟的餡料搭配生的餅皮，因此需將餅皮先烤至五分熟，才能將餡料與餅皮同步烤至酥脆的口感。
- 做法5及做法9：烘烤原則請參考p.151的「烘烤的訣竅」。

提醒一下

- 餅皮的麵糰是以「糖油拌合法」製作完成，請參考p.12的「流程」及p.149「麵糰的形狀」說明。
- 做法4：慕絲框需包上鋁箔紙或墊上烘焙紙，以利成品脫模，請參考p.149「塑形的烤模」及p.150「烤模處理」。
- 做法5及做法8：烘烤原則請參考p.151的「烘烤的訣竅」。

糖油拌合法

花生可可棒

約12片 分量

材料 餅皮：無鹽奶油 70 克 糖粉 60 克 全蛋 15 克
低筋麵粉 90 克 無糖可可粉 10 克 杏仁粉 20 克
餡料：顆粒花生醬 65 克 蛋白 35 克 糖粉 10 克

做法

1. **餅皮**：無鹽奶油秤好放在室溫下軟化後，加入糖粉，先用橡皮刮刀稍微攪拌混合，再用攪拌機攪打均勻。
2. 將全蛋加入做法1中，繼續以快速攪打成均勻的「奶油糊」。
3. 將低筋麵粉及無糖可可粉一起篩入做法2的奶油糊中，接著加入杏仁粉，用手抓成均勻的「麵糰」。
4. 將麵糰舖在18x18公分的慕絲框內（或烤模內），用手平均地攤開壓緊，並在表面扎洞。
5. 烤箱預熱後，以上火180℃、下火150℃烘烤10~12分鐘左右，取出備用。
6. **餡料**：顆粒花生醬加蛋白用湯匙攪拌均勻後，再加入糖粉攪勻。
7. 用橡皮刮刀將餡料刮在做法5的餅皮上，平均地攤開並抹平（圖1）。
8. 烤箱預熱後，以上火170℃、下火150℃烘烤約20~25分鐘左右呈金黃色，熄火後繼續用餘溫燜5~10分鐘；出爐後放涼再切片。

液體拌合法

燕麥楓糖棒

分量 約12片

參見DVD示範

材料 杏桃乾 40 克、金砂糖（二砂糖）60 克 楓糖 35 克 無鹽奶油 60 克、大燕麥片（Oats）150 克、全蛋 15 克 低筋麵粉 15 克

做法

1. 杏桃乾切碎備用。
2. 金砂糖、楓糖及無鹽奶油一起放入鍋中，以小火煮至奶油融化，用耐熱橡皮刮刀邊攪拌，呈微滾的濃稠狀即熄火。
3. 先加入杏桃乾，再加入大燕麥片拌勻，最後加入全蛋及低筋麵粉，用橡皮刮刀拌勻。
4. 用橡皮刮刀將做法3的混合材料刮入18x18公分的慕絲框內（或烤模內），平均地攤開並壓平。
5. 烤箱預熱後，以上火180℃、下火150℃烘烤約25~30分鐘左右，熄火後繼續用餘溫燜5~10分鐘左右；出爐後放涼再切片。

提醒一下

- 麵糰是以「液體拌合法」製作完成，將乾性材料混合在液態材料中，請參考p.20「流程」。
- 做法2：僅需將無鹽奶油融化，而金砂糖尚未融化即可熄火。
- 做法4：慕絲框需包上鋁箔紙或墊上烘焙紙，以利成品脫模，請參考p.149「塑形的烤模」及p.150「烤模處理」。
- 做法4：鋪在模型內的材料，用手抹平時可沾少許的水以防止沾黏，只要平均地攤開並輕輕地壓平即可，不需刻意壓緊，成品的口感才不會太硬。
- 做法5：烘烤原則請參考p.151的「烘烤的訣竅」。

糖油拌合法

加州梅酥餅

約18片

材料 去籽加州梅（Pitted Prunes）50克 無鹽奶油60克 糖粉50克 全蛋20克 低筋麵粉130克 杏仁粉10克 小麥胚芽10克

做法

1. 去籽加州梅切成細條狀備用。
2. 無鹽奶油秤好放在室溫下軟化後，加入糖粉，先用橡皮刮刀稍微攪拌混合，再用攪拌機攪打均勻。
3. 將全蛋分次加入做法2中，繼續以快速攪打成均勻的「奶油糊」。
4. 將低筋麵粉篩入奶油糊中，接著加入杏仁粉及小麥胚芽，用橡皮刮刀稍微拌合成鬆散狀。
5. 將做法1的去籽加州梅加入做法4中（圖1），再用手抓成一塊塊的「小麵糰」（圖2），直接倒入18x18公分的慕絲框內（或烤模內），用手平均地攤開並輕輕地壓平（圖3）。
6. 烤箱預熱後，以上火160℃、下火150℃烘烤約25分鐘左右，熄火後繼續用餘溫燜5~10分鐘；出爐後放涼再切片。

提醒一下

- 麵糰是以「糖油拌合法」製作完成，請參考p.12的「流程」及p.149麵糰的形狀」說明。
- 做法5：慕絲框需包上鋁箔紙或墊上烘焙紙，以利成品脫模，請參考p.149「塑形的烤模」及p.150「烤模處理」。
- 做法5：鋪在模型內的材料，只要平均地攤開輕輕地壓平即可，不需刻意壓緊，成品的口感才不會太硬。
- 做法6：烘烤至約20分鐘時，可在餅皮上蓋一張鋁箔紙，以防止材料中的加州梅烘烤過硬，同時注意上火的溫度不要過高；另外烘烤原則請參考p.151的「烘烤的訣竅」。

約12片

油粉拌合法

咖啡核桃方塊酥

分量

材料 **餅皮**：碎核桃50克，低筋麵粉150克 糖粉60克 杏仁粉15克，無鹽奶油60克 全蛋35克

咖啡醬：即溶咖啡粉1又1/2小匙 熱水1小匙 玉米粉5克 糖粉10克

做法

1. **餅皮**：烤箱預熱後，核桃先以上、下火各150℃烘烤約10分鐘左右，放涼後切碎備用。
2. 將低筋麵粉及糖粉一起過篩至容器（料理盆）中，接著加入杏仁粉及無鹽奶油，用手搓揉成鬆散狀。
3. 將全蛋加入做法2中（圖1），用手（或橡皮刮刀）稍微攪勻，接著加入碎核桃，將所有材料抓成一塊塊的「小麵糰」（圖2）。
4. 將小麵糰倒在18x18公分的慕絲框內（或烤模內）（圖3），平均地攤開並壓緊。
5. **咖啡醬**：即溶咖啡粉加熱水用小湯匙攪勻，接著一起篩入玉米粉及糖粉攪勻。
6. 用小湯匙將咖啡醬均勻地淋在麵糰上（圖4），再將咖啡醬稍微抹開。
7. 烤箱預熱後，以上火170℃、下火150℃烘烤約20~25分鐘左右呈金黃色，熄火後繼續用餘溫燜5~10分鐘；出爐後放涼再切片。

- 餅皮的麵糰是以「油粉拌合法」製作完成，請參考p.16的「流程」及p.149「麵糰的形狀」說明。
- 做法4：慕絲框需包上鋁箔紙或墊上烘焙紙，以利成品脫模，請參考p.149「塑形的烤模」及p.150「烤模處理」。
- 做法6：麵糰表面不是平滑狀，因此咖啡醬無法在麵糰上推勻，只要平均覆蓋即可。
- 做法7：烘烤原則請參考p.151的「烘烤的訣竅」。

油粉拌合法

白芝麻方塊酥

約12片 分量

材料 白芝麻30克 低筋麵粉150克 糖粉45克 無鹽奶油50克 鹽1/8小匙 全蛋50克 金砂糖（二砂糖）5克（撒在麵糰表面）

做法

1. 烤箱預熱後，白芝麻先以上、下火各130℃烘烤約10分鐘左右成金黃色備用。
2. 接著將低筋麵粉以上、下火各180℃烘烤約15~20分鐘，麵粉稍微上色即可，放涼備用（圖1）。
3. 將冷卻後的低筋麵粉及糖粉一起過篩至容器（料理盆）中，再加入無鹽奶油，用手搓揉成鬆散狀。
4. 將鹽及全蛋加入做法3中，用手（或橡皮刮刀）稍微攪勻，接著加入白芝麻（圖2），將所有材料抓成一塊塊的「小麵糰」。
5. 將小麵糰倒在18x18公分的慕絲框內（或烤模內）（圖3），平均地攤開並壓緊。
6. 將金砂糖均勻地撒在做法5的餅皮上（圖4），接著用叉子在麵糰表面扎洞。
7. 烤箱預熱後，以上火170℃、下火150℃烘烤約20~25分鐘左右呈金黃色，熄火後繼續用餘溫燜5~10分鐘；出爐後放涼再切片。

提醒一下

- 麵糰是以「油粉拌合法」製作完成，請參考p.16的「流程」及p.149「麵糰的形狀」說明。
- 做法2：先將低筋麵粉烘烤約15~20分鐘，麵粉稍微上色，約為8分熟，麵粉內的濕氣已烤乾，重量減少成135克；利用烤過的麵粉來製作，可使成品呈現特有的香氣及酥鬆的口感。
- 做法5：慕絲框需包上鋁箔紙或墊上烘焙紙，以利成品脫模，請參考p.149「塑形的烤模」及p.150「烤模處理」。
- 做法7：麵糰烘烤原則請參考p.151的「烘烤的訣竅」。

1

2

3

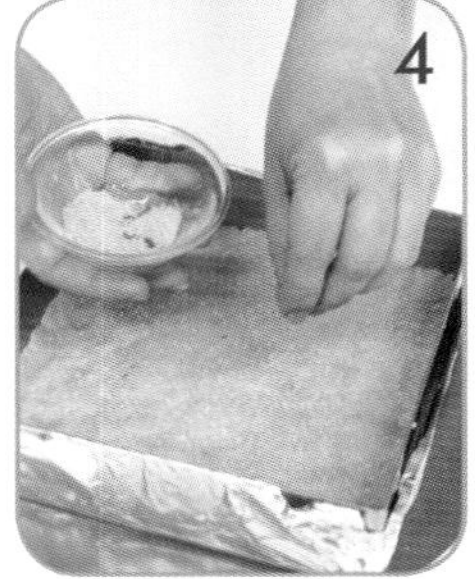
4

薄片餅乾

可品嚐可裝飾，
最細緻優雅的手工餅乾！

在所有的餅乾類別中，「薄片餅乾」屬於最嬌貴的一種，既薄又脆的口感得力於費心的烘烤；在製作過程中少了「攪打」的動作，頂多就是將乾性材料混入液態材料中，確實地拌勻後，即可塑形烘烤，製程既簡單又快速；唯一的「難處」就是需要「耐心」烘烤，否則稍不留意，就會出現一盤焦黑的失敗品；針對這類成品易碎、易軟的缺點，還要特別注意保存問題，才能享有最佳的品嚐風味；除了直接食用外，也可利用薄如蟬翼的特有外觀，或彎、或捲做造型，當作糕點上的裝飾也很適合。

以「液體拌合法」製作，就是將乾性材料混合在液態材料中，用橡皮刮刀拌勻即可。

「液體拌合法」的製作方式，請參考p.20的「流程」。

生料的類別

「薄片餅乾」的麵糊質地，幾乎都是濕度非常高的「稀麵糊」，但所謂「稀」的程度，往往受制於液態材料的多寡；在同一份食譜中，當液態材料較多時，麵糊就呈現「流動」狀態（圖1），反之，當液態材料較少時，麵糊或許就不會流動，而成「濃稠」狀（圖2）；因此無論是「流動的麵糊」還是「濃稠的麵糊」，只要能夠在烤盤上攤開成薄薄的一層，就可用來製作薄片餅乾。

流動的麵糊：麵糊在烤盤上，會自動攤成薄薄的一片。

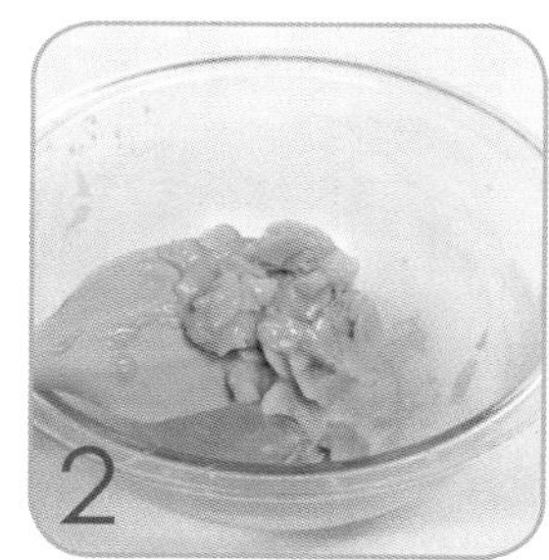

濃稠的麵糊：麵糊在烤盤上，定點不動，需要藉由小湯匙或叉子攤開，才會呈現薄薄的一片。

塑形的工具

可利用湯匙盡可能定量取麵糊，然後直接舀在烤盤上，接著再利用不同方式，將麵糊攤開。

用湯匙

利用湯匙的背面在麵糊表面輕輕地轉圈，就會將麵糊攤成薄薄的一片，如麵糊內沒有過多配料時，用湯匙塑形非常方便，如p.174海苔芝麻薄片、p.182煙捲餅乾及p.185可可蕾絲等。

用叉子

麵糊內含有配料，利用叉子將麵糊輕輕地撥開，即能將麵糊與配料同時攤成薄片狀，如p.176佛羅倫斯薄片、p.179咖啡堅果脆片及p.186杏仁瓦片等。

用雙手

如捨棄以上2種小道具，另外也可將雙手的指腹沾上少許的清水，直接將麵糊與配料攤開成為薄片狀。

掌握的重點

避免過多的氣泡

材料中如有全蛋或蛋白，用打蛋器攪拌時，不要刻意用力攪拌或延長攪拌時間，以免產生過多氣泡，而影響成品的質地；因此用打蛋器在容器內攪拌時，應以不規則方向攪動（順時針、逆時針交錯運用），即會避免蛋糊出現氣泡。

保持麵糊的流性或軟質特性

原先會流動的稀麵糊（或濃稠麵糊），如受到低溫環境的影響，而讓麵糊變稠至難以用湯匙（或叉子）攤開時，則需以隔水加熱或微波方式，將麵糊稍微加熱一下，即會改善麵糊的狀態；千萬別將裝麵糊的容器直接放置在滾沸的熱水上加熱過度，而使麵糊內的材料熟化（圖3）。

最好利用熱氣間接加熱。

尺寸不要太大

塑形時盡量將麵糊攤開呈薄片狀，直徑勿超過6公分，才容易掌握理想的烘烤狀態。

要留間距

稀麵糊舀在烤盤上時，必須留出約3～4公分的間距，以免烘烤後的成品黏在一起。

烘烤的訣竅

低溫烘烤
薄薄的麵糊在短時間內即能烤熟上色，因此應以「低溫慢烤」方式進行烘烤，參考溫度為上火約170℃、下火約120～130℃，烘烤時間約15分鐘左右；同樣的，當成品已達九分上色時，也可關火利用餘溫，繼續燜至更具賣相的成品色澤；其他的注意事項，請參考p.28的「正確的烘烤」。

烤盤處理
製作薄片餅乾，最好使用防沾黏的鐵氟龍烤盤，或在一般材質的烤盤上墊一張耐高溫的烤布；否則也需塗上均勻的油脂，以方便剷出烤後的成品。

個別取出
即便是同一烤盤中的麵糊，經過一段時間烘烤，有可能上色的狀態會有差距，因此要特別注意烤箱內的動靜；如有部分成品已達理想的色澤時，就需個別盡速取出。

趁熱剷出
因不同的麵糊成分，經烘烤受熱後，沾黏在烤盤上的狀況不一，有些成品一出爐很容易脫離烤盤，但有些成品一旦降溫後，就會沾黏在烤盤上，因此必須趁熱從烤盤上剷出；如成品已沾黏在烤盤上時，可再以低溫約120℃烘熱數分鐘，即可順利脫離烤盤。

提醒一下

➤ 麵糊是以「液體拌合法」製作完成，請參考p.20的「流程」。

液體拌合法

海苔芝麻薄片

分量 約26片

材料 糖粉 20 克　無鹽奶油 20 克　香草精 1/4 小匙　鮮奶 20 克　蛋黃 20 克　低筋麵粉 35 克　生的白芝麻 20 克　海苔粉 1/4 小匙

做法 以下的製作過程與說明，可供其他的「薄片餅乾」參考。

濕性材料放一起

1. 將糖粉、無鹽奶油及香草精放在同一容器中。

▶先將無鹽奶油秤好放在室溫下軟化，待隔水加熱時就會很快融化。

2. 以隔水加熱方式將奶油融化，邊加熱邊用打蛋器攪拌成均勻的「奶油糊」。

▶也可改用「微波加熱」方式將奶油融化。

3. 將鮮奶加入奶油糊中，繼續用打蛋器拌勻。

▶鮮奶秤好後，先放在室溫下回溫再加入，應避免太冰的溫度會將奶油糊凝固。

4. 將蛋黃加入做法3中，用打蛋器攪拌成均勻的「蛋黃糊」。

▶蛋黃可一次加入攪拌。

篩入粉料（及其他乾性材料）

5. 將低筋麵粉篩入蛋黃糊中，繼續用打蛋器以不規則的方向攪拌成均勻的「稀麵糊」。

▶不要同一方向用力轉圈亂攪，以防止麵糊出筋而影響口感，請參考p.25「麵糊……正確的拌合」；如果還要加入其他配料，也是在這個步驟加入。

6. 將生的白芝麻倒入稀麵糊中，繼續用打蛋器攪拌均勻。

▶白芝麻不需事先烤熟，因爲與麵糊拌勻後，攤成薄片狀，很容易烤熟。

塑形

7. 用湯匙取適量的稀麵糊，直接舀在烤盤上，必須留出約3公分的間距。

▶麵糊如有凝固現象時，可用隔水加熱或微波加熱方式，改善麵糊狀態；請參考p.172「掌握的重點」。

8. 用湯匙背面將麵糊轉圈圈，即可攤成工整的圓片狀，直徑約4~5公分。

▶舀在烤盤上的麵糊，如呈濃稠狀不會流動時，可利用湯匙在麵糊上轉圈圈，即可輕易攤成圓薄片；注意中間不要太厚。

烘烤

9. 接著撒上適量的海苔粉。

▶海苔粉不要撒太厚。

10. 烤箱預熱後，以上火170℃、下火120℃烘烤約15分鐘左右呈金黃色即可。

▶原則上以「低溫慢烤」方式完成，注意上色狀況，烤溫與時間要靈活運用，請參考p.28「正確的烘烤」及p.173「烘烤的訣竅」。

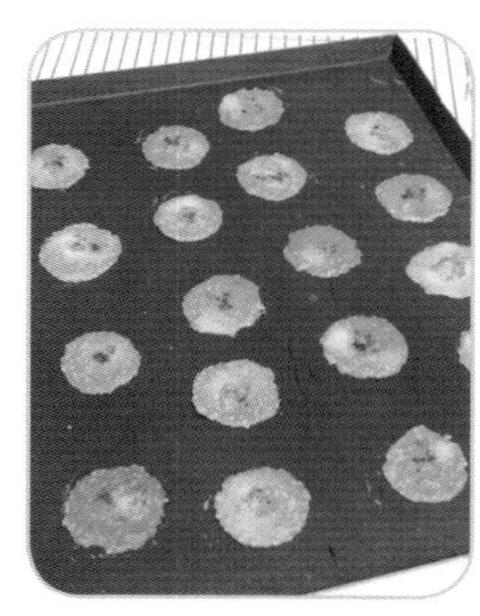

液體拌合法

佛羅倫斯薄片

分量 約14片

材料 細砂糖 20 克　無鹽奶油 25 克　鮮奶 1 又 1/2 小匙　南瓜子仁 15 克　葵瓜子仁 15 克　糖漬桔皮丁 15 克　蔓越莓乾 15 克　生的白芝麻 10 克　低筋麵粉 5 克

提醒一下

- 麵糊是以「液體拌合法」製作，請參考p.20的「流程」及p.174「海苔芝麻薄片」的做法及說明。
- 做法1：只需將奶油融化且呈稍微沸騰狀，而細砂糖尚未融化即可熄火。
- 南瓜子仁、葵瓜子仁及白芝麻不需事先烤過。
- 南瓜子仁、葵瓜子仁、糖漬桔皮丁、蔓越莓乾及白芝麻等，可依個人的喜好或取得的方便性做更改；建議將蔓越莓乾切碎，成品的口感較好。
- 用湯匙整形時，盡量將材料攤開不要重疊，烤後的成品效果較好；也可用手沾少許的水，將材料攤開。
- 做法4：請參考p.173的「烘烤的訣竅」。

做法

1. 細砂糖及無鹽奶油一起放在煮鍋中，用小火直接加熱至奶油融化且稍微沸騰，熄火後加入鮮奶，用湯匙攪拌均匀。
2. 將南瓜子仁、葵瓜子仁、糖漬桔皮丁、蔓越莓乾及生的白芝麻加入做法1中，接著加入低筋麵粉，用湯匙攪拌均勻（圖1）。
3. 用湯匙取做法2的適量麵糊，直接舀在烤盤上，並用湯匙（或叉子）將麵糊攤開成為直徑約6公分的圓片狀（圖2）。
4. 烤箱預熱後，以上火170℃、下火130℃烘烤約15分鐘左右呈金黃色即可。

1

2

液體拌合法

蘭姆酒椰香薄片

約12片 分量

材料 細砂糖25克　無鹽奶油20克　蘭姆酒1大匙　蛋白15克　低筋麵粉20克　椰子粉30克

做法

1. 細砂糖及無鹽奶油放在同一容器中，以隔水加熱方式將奶油融化，即離開熱水，接著加入蘭姆酒用打蛋器攪拌均勻。
2. 將蛋白加入降溫後的上述材料內，用打蛋器以不規則的方向攪拌均勻（圖1）。
3. 將低筋麵粉篩入做法2中，繼續用打蛋器以不規則的方向攪拌成均勻的「麵糊」（圖2）。
4. 最後將椰子粉加入麵糊中，改用橡皮刮刀攪拌均勻（圖3）。
5. 用湯匙取適量的麵糊，直接舀在烤盤上，並用湯匙背面（或叉子）將麵糊攤開成爲直徑約6公分的圓片狀。
6. 烤箱預熱後，以上火170℃、下火130℃烘烤約15分鐘左右呈金黃色即可。

1

2

3

提醒一下

- 麵糊是以「液體拌合法」製作，請參考p.20的「流程」及p.174「海苔芝麻薄片」的做法及說明。
- 做法1：只需將奶油融化，而細砂糖尚未融化即可熄火；「隔水加熱」方式也可改用「微波加熱」方式將奶油融化。
- 做法2：加入蛋白後，用打蛋器以不規則的方向攪勻即可；不可用力攪打，以免打出過多的氣泡。
- 做法6：請參考p.173的「烘烤的訣竅」。

液體拌合法

楓糖杏仁酥片

約14片 分量

材料 楓糖 30 克　無鹽奶油 20 克　柳橙汁 15 克
低筋麵粉 15 克　杏仁粉 15 克　杏仁粒 20 克

做法

1. 楓糖及無鹽奶油放在同一容器中，以隔水加熱方式將奶油融化，即離開熱水，接著加入柳橙汁，用打蛋器攪拌均勻。
2. 將低筋麵粉篩入做法1中，接著加入杏仁粉及杏仁粒，繼續用打蛋器以不規則的方向攪拌成均勻的「麵糊」。
3. 用湯匙取適量的麵糊，直接舀在烤盤上，並用湯匙背面（或叉子）將麵糊攤開成為直徑約6公分的圓片狀。
4. 烤箱預熱後，以上火170℃、下火130℃烘烤約15分鐘左右呈金黃色即可。

- 麵糊是以「液體拌合法」製作，請參考p.20的「流程」及p.174「海苔芝麻薄片」的做法及說明。
- 做法1：「隔水加熱」方式也可改用「微波加熱」方式將奶油融化。
- 楓糖也可用其他的液體糖漿代替。
- 這種麵糊不需刻意攤薄，否則成品易呈鬆散狀。
- 柳橙汁也可用其他口味的果汁代替。
- 做法4：請參考p.173的「烘烤的訣竅」。

約12片

液體拌合法

咖啡堅果脆片

材料 糖粉 50 克　無鹽奶油 40 克　鮮奶 1 大匙　蛋白 25 克　即溶咖啡粉 2 小匙　低筋麵粉 30 克　夏威夷豆、開心果、核桃、杏仁粒及葵瓜子仁各 15 克

做法

1. 糖粉及無鹽奶油放在同一容器中，以隔水加熱方式將奶油融化，即離開熱水，接著加入鮮奶用打蛋器攪勻。
2. 接著加入蛋白及即溶咖啡粉，用打蛋器攪拌均勻。
3. 將低筋麵粉篩入做法2中，繼續用打蛋器以不規則的方向攪拌成均勻的「麵糊」。
4. 將夏威夷豆、開心果、核桃、杏仁粒及葵瓜子仁分別加入麵糊中，用橡皮刮刀拌勻。
5. 用湯匙取做法4的適量麵糊，直接舀在烤盤上，並用湯匙背面（或叉子）將麵糊攤開成為直徑約6公分的圓片狀。
6. 烤箱預熱後，以上火170℃、下火130℃烘烤約15分鐘左右呈金黃色即可。

提醒一下

- 麵糊是以「液體拌合法」製作，請參考p.20的「流程」及p.174「海苔芝麻薄片」的做法及說明。
- 做法1：「隔水加熱」方式也可改用「微波加熱」方式將奶油融化。
- 做法2：加入蛋白後，用打蛋器以不規則的方向攪勻即可；不可用力攪打，以免打出過多的氣泡。
- 夏威夷豆、開心果、核桃、杏仁粒及葵瓜子仁不需事先烤過。
- 即溶咖啡粉可事先與鮮奶混合融化，用量可依個人的口味增減。
- 做法6：請參考p.173的「烘烤的訣竅」。

提醒一下

- 麵糊是以「液體拌合法」製作，請參考p.20的「流程」及p.174「海苔芝麻薄片」的做法及說明。
- 做法1：「隔水加熱」方式也可改用「微波加熱」方式將奶油融化。
- 做法1：只需將奶油融化，而金砂糖尚未融化即可熄火。
- 柳橙汁也可用其他口味的果汁代替。
- 做法4：請參考p.173的「烘烤的訣竅」。

約20片

液體拌合法

胚芽蜂蜜脆片

材料 蜂蜜 30 克　金砂糖（二砂糖）30 克　無鹽奶油 30 克　柳橙汁 30 克
低筋麵粉 30 克　小麥胚芽 30 克

做法

1. 蜂蜜、金砂糖及無鹽奶油放在同一煮鍋中，用小火直接加熱至奶油融化，熄火後加入柳橙汁，用打蛋器攪拌均勻。
2. 將低筋麵粉篩入做法1中，接著加入小麥胚芽，改用橡皮刮刀以不規則的方向攪拌成均勻的「麵糊」。
3. 用湯匙取適量的麵糊，直接舀在烤盤上，並用湯匙背面（或叉子）將麵糊攤開成爲直徑約6公分的圓片狀。
4. 烤箱預熱後，以上火170℃、下火130℃烘烤約15分鐘左右呈金黃色即可。

約20片 分量 液體拌合法

抹茶白巧克力脆片

材料 糖粉 40 克 無鹽奶油 40 克 鮮奶 20 克 抹茶粉 1/2 小匙 蛋白 20 克 低筋麵粉 35 克 白巧克力 35 克

做法

1. 糖粉及無鹽奶油放在同一容器中，以隔水加熱方式將奶油融化，即離開熱水，接著加入鮮奶，用打蛋器攪成均勻的「奶油糊」。
2. 將抹茶粉加入奶油糊中，用打蛋器攪拌均勻，接著加入蛋白，繼續以不規則方向攪勻，成爲滑順的「抹茶奶油糊」（圖1）。
3. 將低筋麵粉篩入抹茶奶油糊中，繼續用打蛋器以不規則的方向攪成均勻的「抹茶麵糊」（圖2）。
4. 用湯匙取適量的抹茶麵糊，直接舀在烤盤上，並用湯匙背面將麵糊轉圈攤開，成爲直徑約6公分的圓片狀（圖3）。
5. 烤箱預熱後，以上火170℃、下火130℃烘烤約15分鐘左右，抹茶麵糊的顏色變暗綠即可，放涼備用。
6. 白巧克力以隔水加熱方式融化，再裝入紙袋內，並在袋口剪一小洞，趁白巧克力液呈流質狀時，盡速在餅乾上擠出交叉線條（圖4），待凝固後即可裝入容器內存放。

1

2

3

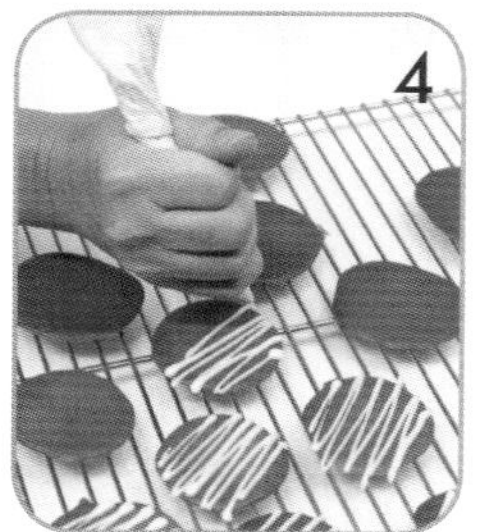
4

提醒一下

- 麵糊是以「液體拌合法」製作，請參考p.20的「流程」及p.174「海苔芝麻薄片」的做法及說明。
- 做法2：加入蛋白後，用打蛋器以不規則的方向攪勻即可；不可用力攪打，以免打出過多的氣泡。
- 做法5：請參考p.173的「烘烤的訣竅」。
- 做法6：白巧克線條的凝固時間，因環境溫度的影響會有長短差異。

液體拌合法

煙捲餅乾

約12條 分量

材料 糖粉60克 無鹽奶油50克 香草精1/2小匙 蛋白50克 低筋麵粉30克 抹茶粉及無糖可可粉各適量

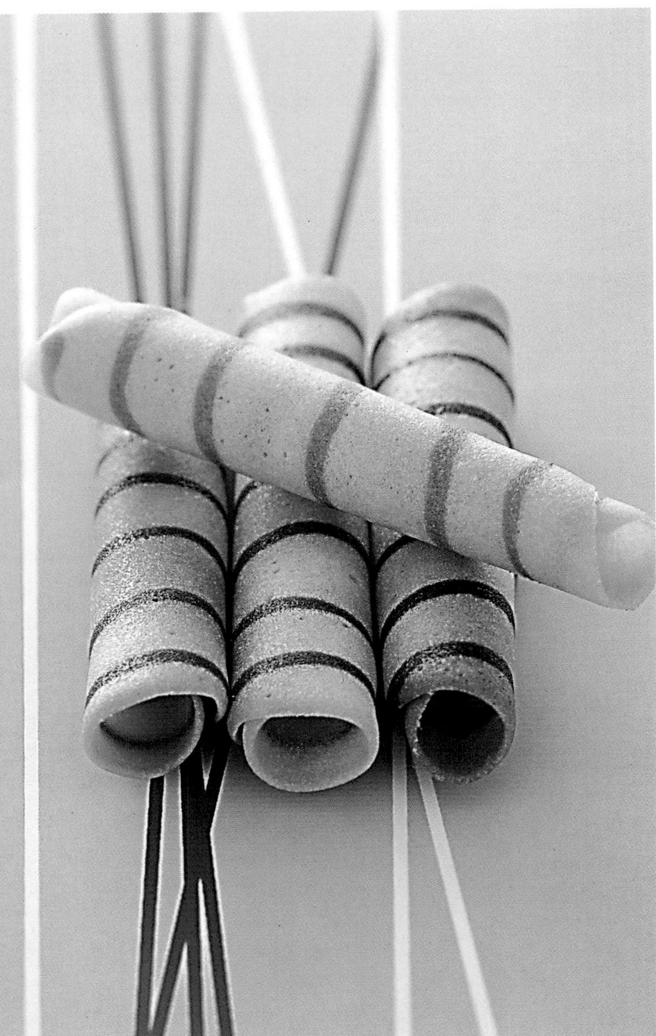

做法

1. 糖粉、無鹽奶油及香草精放在同一容器中，以隔水加熱方式將奶油融化，即離開熱水，稍降溫後再加入蛋白，用打蛋器以不規則方向攪拌均勻。
2. 將低筋麵粉篩入做法1中，繼續用打蛋器以不規則的方向拌成均勻的「麵糊」。
3. 將做法2的麵糊分別取出2份各2小匙，再分別加入適量的抹茶粉及無糖可可粉，用小湯匙攪勻成綠色及可可色的麵糊（圖1）。
4. 用湯匙取做法2的適量麵糊，直接舀在烤盤上，並用湯匙背面將麵糊攤開，成爲直徑約9公分的圓片狀（圖2）。
5. 將做法3的兩種顏色麵糊，分別裝在紙袋內（或塑膠袋內），並在袋口剪一小洞，直接將麵糊擠在做法4的麵糊上呈平行的細線條（圖3）。
6. 烤箱預熱後，以上火170℃、下火130℃烘烤約15分鐘左右呈金黃色。
7. 出爐後趁熱用筷子將成品捲起即可（圖4）。

1

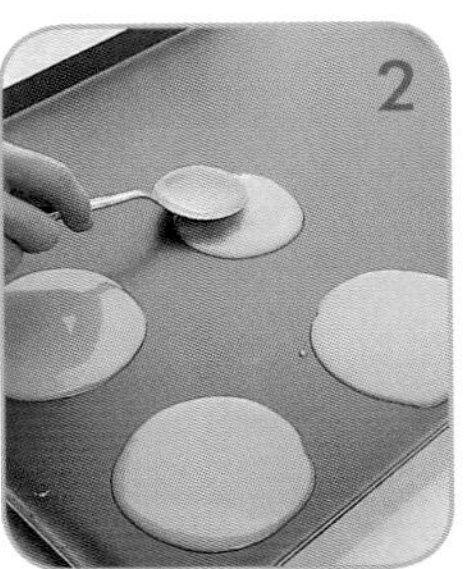
2

3

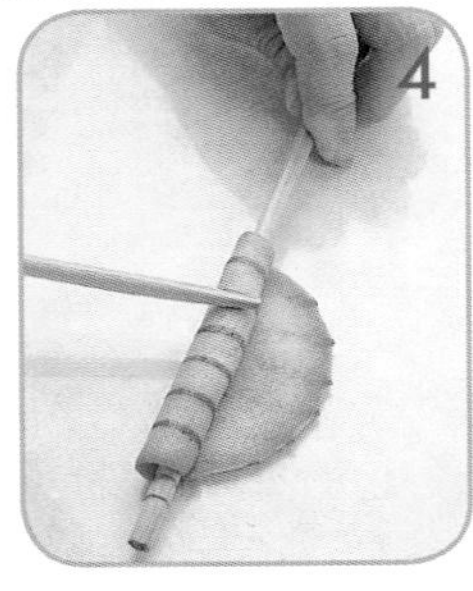
4

提醒一下

- 麵糊是以「液體拌合法」製作，請參考p.20的「流程」及p.174「海苔芝麻薄片」的做法及說明。
- 做法1：「隔水加熱」方式也可改用「微波加熱」方式將奶油融化。
- 做法1：加入蛋白後，用打蛋器以不規則的方向攪勻即可；不可用力攪打，以免打出過多的氣泡。
- 做法3：只要用少量的抹茶粉及無糖可可粉添加在麵糊中，即可將原色麵糊攪成綠色及可可色的效果。
- 做法7：薄片餅乾離開烤箱後，即會在短時間內失去原有的柔軟度，而無法進行捲起動作，因此要剷出餅乾時，不要將整個烤盤從烤箱中移出；剷出一片就馬上捲，其餘的仍在烤箱內保溫，才可保持餅乾的溫度不會變硬；如餅乾稍微變硬很難順利捲起時，可將餅乾以低溫約120℃再稍微加熱即可回軟。
- 做法6：請參考p.173的「烘烤的訣竅」；麵糊攤開約9公分，比一般的薄片餅乾大，因此需特別注意火溫。

液體拌合法

燕麥酥片

約20片

材料 金砂糖（二砂糖）50克
無鹽奶油45克 全蛋50克
低筋麵粉20克 大燕麥片(Oats)50克

做法

1. 金砂糖及無鹽奶油放在同一煮鍋中，以隔水加熱方式將奶油融化，即離開熱水，待稍降溫後加入全蛋，用打蛋器以不規則方向攪拌均勻（圖1）。
2. 將低筋麵粉篩入做法1中，繼續用打蛋器以不規則方向攪拌成均勻的「麵糊」（圖2）。
3. 接著加入大燕麥片，改用橡皮刮刀攪拌成均勻的「燕麥片麵糊」（圖3）。
4. 用湯匙取適量的燕麥片麵糊，直接舀在烤盤上，並用叉子將麵糊攤開，成為直徑約6公分的圓片狀（圖4）。
5. 烤箱預熱後，以上火170℃、下火120℃烘烤約15分鐘左右呈金黃色，出爐後，趁熱剷出烤盤，以免冷卻後沾黏在烤盤上（圖5）。

提醒一下

- 麵糊是以「液體拌合法」製作，請參考p.20的「流程」及p.174「海苔芝麻薄片」的做法及說明。
- 做法1只需將奶油融化，而金砂糖尚未融化即可熄火。
- 做法1：加入全蛋後，用打蛋器以不規則的方向攪勻即可；不可用力攪打，以免打出過多的氣泡。
- 做法4：麵糊不需刻意攤薄，燕麥片可重疊烘烤，成品較不會鬆散。
- 做法5：請參考p.173的「烘烤的訣竅」。

1

2

3

4

5

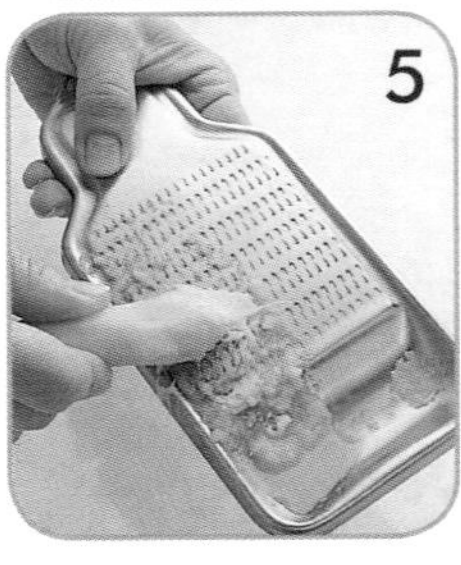

液體拌合法

紅糖薑汁薄片

約24片 分量

材料 紅糖 70 克（過篩後） 無鹽奶油 30 克 鮮奶 2 大匙 薑泥 1 小匙 低筋麵粉 40 克 生的白芝麻 1 大匙

做法

1. 紅糖、無鹽奶油及鮮奶放在同一容器中，以隔水加熱方式將奶油融化，即離開熱水，接著加入薑泥（圖1），用打蛋器攪拌均勻至紅糖融化。
2. 將低筋麵粉篩入做法1中，繼續用打蛋器以不規則的方向攪拌成均勻的「麵糊」（圖2）。
3. 用湯匙取適量的麵糊，直接舀在烤盤上，並用湯匙背面將麵糊轉圈攤開，成爲直徑約6公分的圓片狀（圖3），再將白芝麻均勻地撒在麵糊表面（圖4）。
4. 烤箱預熱後，以上火170℃、下火130℃烘烤約15分鐘左右；成品出爐時，仍具有柔軟度，即可直接從烤盤上取出，待冷卻後就會變脆。

提醒一下

- 麵糊是以「液體拌合法」製作，請參考p.20的「流程」及p.174「海苔芝麻薄片」的做法及說明。
- 做法1：可用搽薑板磨出薑泥（連汁帶泥使用）（圖5）。
- 做法1：「隔水加熱」方式也可改用「微波加熱」方式將奶油融化。
- 做法4：請參考p.173的「烘烤的訣竅」。

約12片
分量

液體拌合法

可可蕾絲

材料 金砂糖（二砂糖）30克　無鹽奶油30克　鮮奶1大匙，低筋麵粉5克　無糖可可粉5克　生的杏仁粒25克

做法

1. 金砂糖及無鹽奶油放在同一煮鍋中，用小火直接加熱至奶油融化即熄火（圖1）。
2. 趁熱加入鮮奶，用湯匙攪拌至金砂糖融化，待降溫備用（圖2）。
3. 將低筋麵粉及無糖可可粉一起篩入做法2中，接著加入杏仁粒，攪拌成均勻的「麵糊」，蓋上保鮮膜後靜置在室溫下約30分鐘。
4. 用湯匙取適量的麵糊，直接舀在烤盤上，並用湯匙背面（或叉子）將麵糊攤開，成爲直徑約5公分的圓片狀（圖3）。
5. 烤箱預熱後，以上火170℃、下火150℃烘烤約12~15分鐘左右即可。

提醒一下

- 麵糊是以「液體拌合法」製作，請參考p.20的「流程」及p.174「海苔芝麻薄片」的做法及說明。
- 做法1.：需將奶油融化，而金砂糖尚未融化即可熄火。
- 做法4：將麵糊攤開在烤盤上，需呈薄薄的一層，烤後的成品即會自然的出現漂亮且均勻的孔洞；如麵糊過厚時，成品的外觀即為一般的薄片餅乾。
- 成品烘烤完成後，需稍待1~2分鐘左右，讓餅乾稍定型，才容易剷起；待冷卻後就會變脆。
- 做法5：請參考p.173的「烘烤的訣竅」。

約15片

液體拌合法

杏仁瓦片

材料 細砂糖30克 無鹽奶油20克 香草精1/2小匙 蛋白30克 低筋麵粉25克 生的杏仁片50克

做法

1. 細砂糖、無鹽奶油及香草精放在同一容器中，以隔水加熱方式將奶油融化（細砂糖尙未融化），即可離開熱水（圖1）。
2. 待稍降溫後，將蛋白加入（圖2），用打蛋器以不規則的方向攪拌均勻。
3. 將低筋麵粉篩入做法2中，繼續用打蛋器以不規則的方向攪拌成均勻的「麵糊」。
4. 接著加入生的杏仁片，改用橡皮刮刀拌勻（圖3）。
5. 用湯匙取適量的做法4的麵糊，直接舀在烤盤上，並用叉子將麵糊攤開，成爲直徑約6公分的圓片狀。
6. 烤箱預熱後，以上火170℃、下火130℃烘烤約15~20分鐘左右。

提醒一下

- 這道杏仁瓦片的麵糊比其他的薄片餅乾的麵糊要稠，因此成品的口感非常脆。
- 麵糊是以「液體拌合法」製作，請參考p.20的「流程」及p.174「海苔芝麻薄片」的做法及說明。
- 做法1：「隔水加熱」方式也可改用「微波加熱」方式將奶油融化。
- 做法2：加入蛋白後，用打蛋器以不規則的方向攪勻即可；不可用力攪打，以免打出過多的氣泡。
- 做法6：請參考p.173的「烘烤的訣竅」。

約20片

液體拌合法

芝麻脆片

材料 細砂糖 50 克　無鹽奶油 20 克　鮮奶 50 克
低筋麵粉 35 克　生的黑芝麻 25 克　生的白芝麻 25 克

做法

1. 細砂糖及無鹽奶油在同一容器中，以隔水加熱方式將奶油融化，即離開熱水，接著加入鮮奶拌勻（圖1）。
2. 將低筋麵粉篩入做法1中，繼續用打蛋器以不規則的方向攪拌成均勻的「麵糊」。
3. 接著加入生的黑芝麻及白芝麻（圖2），改用橡皮刮刀攪拌成均勻的「芝麻麵糊」。
4. 用湯匙取適量的芝麻麵糊，直接舀在烤盤上，並用湯匙（或叉子）將麵糊攤開，成爲直徑約5公分的圓片狀。
5. 烤箱預熱後，以上火170℃、下火130℃烘烤約15~18分鐘左右。

- 麵糊是以「液體拌合法」製作，請參考p.20的「流程」及p.174「海苔芝麻薄片」的做法及說明。
- 做法1：「隔水加熱」方式也可改用「微波加熱」方式將奶油融化。
- 做法5：請參考p.173的「烘烤的訣竅」。

液體拌合法

松子橙汁脆片

約18片 分量

材料 糖粉 40 克 無鹽奶油 15 克 柳橙汁 45 克

低筋麵粉 45 克

柳橙（或香吉士）1 個 松子 60 克

做法

1. 糖粉、無鹽奶油及柳橙汁放在同一容器中（圖1），以隔水加熱方式將奶油融化，即離開熱水，用橡皮刮刀攪成均勻的「奶油糊」（圖2）。
2. 將低筋麵粉篩入奶油糊中，繼續用打蛋器以不規則的方向攪成均勻的「麵糊」（圖3）。
3. 最後刨入柳橙皮屑（圖4），接著加入松子，改用橡皮刮刀拌勻（圖5）。
4. 用湯匙取適量的麵糊，直接舀在烤盤上，並用叉子將麵糊攤開，成為直徑約6公分的圓片狀（圖6）。
5. 烤箱預熱後，以上火170℃、下火130℃烘烤約15分鐘左右，表面呈淺咖啡色即可。

1

4

2

5

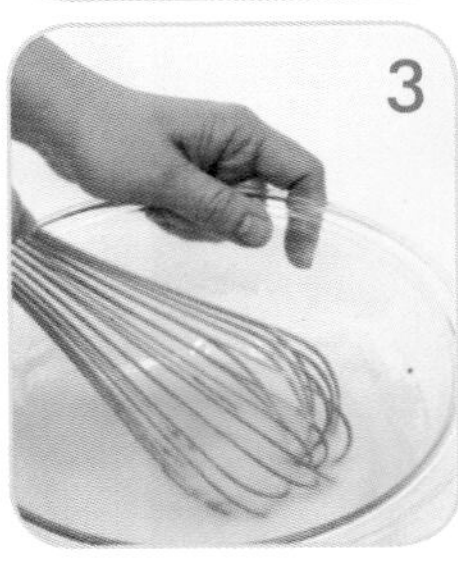
3

6

提醒一下

- 麵糊是以「液體拌合法」製作，請參考p.20的「流程」及p.174「海苔芝麻薄片」的做法及說明。
- 材料中的松子事先不需烤熟，即可放入麵糊內一起烘烤上色至熟。
- 做法5：請參考p.173的「烘烤的訣竅」。

約28片

液體拌合法

大理石脆片

參見DVD示範

材料 糖粉 50 克 無鹽奶油 40 克 鮮奶 15 克 蛋白 30 克
低筋麵粉 30 克
無糖可可粉 1/2 小匙（約 1 克）

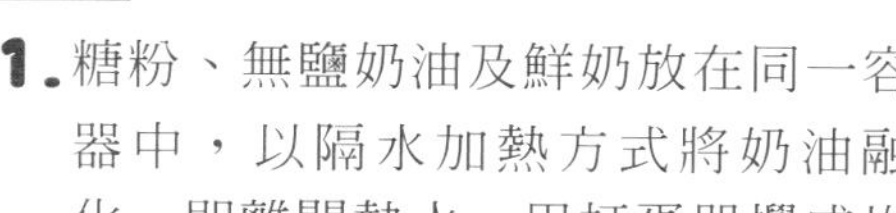

做法

1. 糖粉、無鹽奶油及鮮奶放在同一容器中，以隔水加熱方式將奶油融化，即離開熱水，用打蛋器攪成均勻的「奶油糊」。
2. 將蛋白加入奶油糊內，用打蛋器以不規則的方向攪拌均勻（圖1）。
3. 將低筋麵粉篩入做法2中，繼續用打蛋器以不規則的方向攪成均勻的「麵糊」。
4. 取麵糊約30克加入過篩後的無糖可可粉，用湯匙攪成均勻的「可可麵糊」，裝在擠花袋內備用。
5. 將做法3的麵糊裝入擠花袋內，並在袋口剪一個小洞口，直接將麵糊擠在烤盤上（圖2）。
6. 用小湯匙將麵糊轉圈攤開，成爲直徑約5公分的圓片狀。
7. 將做法4裝可可麵糊的擠花袋的袋口剪一個小洞，直接在麵糊上面擠出小圓點（圖3），並用牙籤在圓點上劃出不規則線條（圖4）。
8. 烤箱預熱後，以上火170℃、下火130℃烘烤約15分鐘左右，至表面呈淺咖啡色即可。

1

3

2

4

- 麵糊是以「液體拌合法」製作，請參考p.20的「流程」及p.174「海苔芝麻薄片」的做法及說明。
- 做法2：加入蛋白後，用打蛋器以不規則的方向攪勻即可；不可用力攪打，以免打出過多的氣泡。
- 做法5：也可用湯匙取麵糊，直接舀在烤盤上，並轉圈攤開成為圓片狀。
- 做法8：請參考p.173的「烘烤的訣竅」。

全省烘焙材料行

台北市

燈燦
103 台北市大同區民樂街 125 號
(02)2553-4495

日盛（烘焙機具）
103 台北市大同區太原路 175 巷 21 號 1 樓
(02)2550-6996

洪春梅
103 台北市民生西路 389 號
(02)2553-3859

果生堂
104 台北市中山區龍江路 429 巷 8 號
(02)2502-1619

申崧
105 台北市松山區延壽街 402 巷 2 弄 13 號
(02)2769-7251

義興
105 台北市富錦街 574 巷 2 號
(02)2760-8115

正大（康定）
108 台北市萬華區康定路 3 號
(02)2311-0991

源記（崇德）
110 台北市信義區崇德街 146 巷 4 號 1 樓
(02)2736-6376

日光
110 台北市信義區莊敬路 341 巷 19 號 1 樓
(02)8780-2469

飛訊
111 台北市士林區承德路四段 277 巷 83 號
(02)2883-0000

得宏
115 台北市南港區研究院路一段 96 號
(02)2783-4843

菁乙
116 台北市文山區景華街 88 號
(02)2933-1498

全家（景美）
116 台北市羅斯福路五段 218 巷 36 號 1 樓
(02)2932-0405

新北市

大家發
220 新北市板橋區三民路一段 101 號
(02)8953-9111

全成功
220 新北市板橋區互助街 36 號（新埔國小旁）
(02)2255-9482

旺達
220 新北市板橋區信義路 165 號 1F
(02)2952-0808

聖寶
220 新北市板橋區觀光街 5 號
(02)2963-3112

佳佳
231 新北市新店區三民路 88 號
(02)2918-6456

艾佳（中和）
235 新北市中和區宜安路 118 巷 14 號
(02)8660-8895

安欣
235 新北市中和區連城路 389 巷 12 號
(02)2226-9077

全家（中和）
235 新北市中和區景安路 90 號
(02)2245-0396

馥品屋
238 新北市樹林區大安路 173 號
(02)8675-1687

鼎香居
242 新北市新莊區新泰路 408 號
(02)2998-2335

永誠
239 新北市鶯歌區文昌街 14 號
(02)2679-8023

崑龍
241 新北市三重區永福街 242 號
(02)2287-6020

今今
248 新北市五股區四維路 142 巷 15、16 號
(02)2981-7755

基隆

美豐
200 基隆市仁愛區孝一路 36 號 1 樓
(02)2422-3200

富盛
200 基隆市仁愛區曲水街 18 號 1 樓
(02)2425-9255

嘉美行
202 基隆市中正區豐稔街 130 號 B1
(02)2462-1963

證大
206 基隆市七堵區明德一路 247 號
(02)2456-6318

桃園

艾佳（中壢）
320 桃園縣中壢市環中東路二段 762 號
(03)468-4558

家佳福
324 桃園縣平鎮市環南路 66 巷 18 弄 24 號
(03)492-4558

陸光
334 桃園縣八德市陸光街 1 號
(03)362-9783

艾佳（桃園）
330 桃園市永安路 281 號
(03)332-0178

做點心過生活
330 桃園市復興路 345 號
(03)335-3963

新竹

永鑫
300 新竹市中華路一段 193 號
(03)532-0786

力陽
300 新竹市中華路三段 47 號
(03)523-6773

新盛發
300 新竹市民權路 159 號
(03)532-3027

萬和行
300 新竹市東門街 118 號(模具)
(03)522-3365

康迪
300 新竹市建華街 19 號
(03)520-8250

富讚
300 新竹市港南里海埔路 179 號
(03)539-8878

艾佳（竹北）
新竹縣竹北市成功八路 286 號
(03)550-5369

Home Box 生活素材館
320 新竹縣竹北市縣政二路 186 號
(03)555-8086

台中

總信
402 台中市南區復興路三段 109-4 號
(04)2220-2917

永誠
403 台中市西區民生路 147 號
(04)2224-9876

永誠
403 台中市西區精誠路 317 號
(04)2472-7578

德麥（台中）
402 台中市西屯區黎明路二段 793 號
(04)2252-7703

永美
404 台中市北區健行路 665 號(健行國小對面)
(04)2205-8587

齊誠
404 台中市北區雙十路二段 79 號
(04)2234-3000

利生
407 台中市西屯區西屯路二段 28-3 號
(04)2312-4339

辰豐
407 台中市西屯區中清路 151 之 25 號
(04)2425-9869

廣三SOGO百貨
台中市中港路一段 299 號
(04)2323-3788

豐榮食品材料
420 台中市豐原區三豐路 317 號
(04)2522-7535

彰化

敬崎（永誠）
500 彰化市三福街 195 號
(04)724-3927

家庭用品店
500 彰化市永福街 14 號
(04)723-9446

永誠
508 彰化縣和美鎮彰新路 2 段 202 號
(04)733-2988

金永誠
510 彰化縣員林鎮員水路 2 段 423 號
(04)832-2811

南投

順興
542 南投縣草屯鎮中正路 586-5 號
(04)9233-3455

信通行
542 南投縣草屯鎮太平路二段 60 號
(04)9231-8369

宏大行
545 南投縣埔里鎮清新里永樂巷 16-1 號
(04)9298-2766

嘉義

新瑞益（嘉義）
660 嘉義市仁愛路 142-1 號
(05)286-9545

采軒（兩隻寶貝）
600 嘉義市博東路 171 號
(05)275-9900

雲林

新瑞益（雲林）
630 雲林縣斗南鎮七賢街 128 號
(05)596-3765

好美
640 雲林縣斗六市中山路 218 號
(05)532-4343

彩豐
640 雲林縣斗六市西平路 137 號
(05)534-2450

台南

瑞益
700 台南市中區民族路二段 303 號
(06)222-4417

富美
704 台南市北區開元路 312 號
(06)237-6284

世峰
703 台南市北區大興街 325 巷 56 號
(06)250-2027

玉記（台南）
703 台南市中西區民權路三段 38 號
(06)224-3333

永昌（台南）
701 台南市東區長榮路一段 115 號
(06)237-7115

永豐
702 台南市南區賢南街 51 號
(06)291-1031

銘泉
704 台南市北區和緯路二段 223 號
(06)251-8007

上輝行
702 台南市南區興隆路 162 號
(06)296-1228

佶祥
710 台南市永康區永安路 197 號
(06)253-5223

高雄

玉記（高雄）
800 高雄市六合一路 147 號
(07)236-0333

正大行（高雄）
800 高雄市新興區五福二路 156 號
(07)261-9852

新鈺成
806 高雄市前鎮區千富街 241 巷 7 號
(07)811-4029

旺來昌
806 高雄市前鎮區公正路 181 號
(07)713-5345-9

德興（德興烘焙原料專賣場）
807 高雄市三民區十全二路 101 號
(07)311-4311

十代
807 高雄市三民區懷安街 30 號
(07)381-3275

德麥（高雄）
807 高雄市三民區銀杉街 55 號
(07)397-0415

旺來興（明誠店）
804 高雄市鼓山區明誠三路 461 號
(07)550-5991

旺來興（總店）
833 高雄市鳥松區本館路 151 號
(07)370-2223

茂盛
820 高雄市岡山區前峰路 29-2 號
(07)625-9679

鑫隴
830 高雄市鳳山區中山路 237 號
(07)746-2908

屏東

啓順
900 屏東市民和路 73 號
(08)723-7896

裕軒（屏東店）
900 屏東市廣東路 398 號
(08)737-4759

裕軒（總店）
920 屏東縣潮州鎮太平路 473 號
(08)788-7835

四海（屏東店）
900 屏東市民生路 180-2 號
(08)733-5595

四海（潮州店）
920 屏東縣潮州鎮延平路 31 號
(08)789-2759

四海（恆春店）
945 屏東縣恆春鎮恆南路 17-3 號
(08)888-2852

宜蘭

欣新
260 宜蘭市進士路 155 號
(03)936-3114

裕明
265 宜蘭縣羅東鎮純精路二段 96 號
(03)954-3429

花蓮

大麥
973 花蓮縣吉安鄉建國路一段 58 號
(03)846-1762

萬客來
970 花蓮市和平路 440 號
(03)836-2628

台東

玉記（台東）
950 台東市漢陽北路 30 號
(089)326-505

國家圖書館出版品預行編目資料

孟老師的 100 多道手工餅乾／孟兆慶
著.--初版.-- 新北市：葉子，2011. 03
面； 公分. --（銀杏）

ISBN 978-986-6156-05-2（平裝附數
位影音光碟）

1.點心食譜 2.餅

427.16 100002426

Ginkgo

孟老師的 100 多道手工餅乾

作　　者／孟兆慶
出　　版／葉子出版股份有限公司
發 行 人／葉忠賢
總 編 輯／閻富萍
美術設計／張明娟
攝　　影／廖家威、林宗億、孟兆慶
DVD 製作／余俊興、簡坤宗
印　　務／許鈞棋

地　　址／新北市深坑區北深路三段 260 號 8 樓
電　　話／886-2-8662-6826
傳　　真／886-2-2664-7633
服務信箱／service@ycrc.com.tw
網　　址／www.ycrc.com.tw

印　　刷／鼎易印刷事業股份有限公司
ISBN　／978-986-6156-05-2
初版十三刷／2018 年 6 月
新 台 幣／420 元

總 經 銷／揚智文化事業股份有限公司
地　　址／新北市深坑區北深路三段 260 號 8 樓
電　　話／886-2-8662-6826
傳　　真／886-2-2664-7633